圖解版

快速掌握
氣象與天候

從日常的雲層與氣象預報，
快速解開你想知道的周圍天氣之謎！

作者 金子大輔

El Niño　La Niña

晨星出版

前言

各位，歡迎來到氣象與天氣的世界！

我想冒昧請問各位一個問題，請問大家每天都會查天氣嗎？我想，查天氣應該是很多人每天一定會做的事。

沒錯，很多日本人都把天氣當作是切身的問題，對天氣的關心程度超乎自己預期。

雖然天氣與我們的日常生活息息相關，但是我發現，我們可以學習氣象與天氣的機會比想像中少。

我想大部分的人，目前大概只有在中學的地科課上過氣象學，之後就再也沒機會接觸了。以日本而言，或許是難以應用在升學考試的關係，有設「地科」的高中很少，所以包含氣象學在內，高中地科已經成為標準的冷門科目。

為了許多從小學或是中學以後，就再也沒接觸氣象學的讀者們，本書儘量以淺顯易懂的文字進行解說，希望大家能夠輕鬆吸收有關「氣象與天氣」的知識。

話說回來，近年來每年都會發生「氣象災害」。相信大家對線狀對流、游擊式豪雨、地球暖化和氣候異常等這幾個名詞都不陌生。

本書彙整了許多日常生活中常見的「氣象與天氣」相關的話題。

　　我在講解的過程中，為了確保各位能享受閱讀的樂趣，偶爾會有離題或閒聊的情況發生，還會補充一些可能只有氣象學狂粉有興趣的冷知識和小常識。我相信不論你是從第一頁開始精讀，或是隨手翻開一讀，應該都會讀得津津有味。

　　儘管「地科」是學習人數寥寥無幾的冷門科目，但我相信只要實際接觸過後，大家一定能感受到它的魅力。它除了有趣又發人省思，甚至也有讓人坐立難安微恐怖的一面；一旦投入其中，很可能就會身陷其魅力而難以自拔。

　　雖然人在大自然面前顯得渺小與無力，但只要我們掌握其中的機制與原理，就能減輕恐懼，制定防範的對策。

　　希望各位都能利用本書獲得實用的知識。

　　接下來，就讓我們一起踏入充滿魅力的氣象世界吧！

2019年7月

金子大輔

前言　003

第1章　學習「天氣的基本概念」

01　雲的形成必須具備哪些條件？⋯⋯⋯⋯⋯⋯⋯⋯⋯⋯ 012

02　「大氣」和「氣壓」是什麼？⋯⋯⋯⋯⋯⋯⋯⋯⋯⋯ 015

03　「低氣壓」和「高氣壓」是如何產生的呢？⋯⋯⋯⋯ 018

04　為什麼低氣壓會造成壞天氣，
　　　高氣壓會帶來晴天呢？⋯⋯⋯⋯⋯⋯⋯⋯⋯⋯⋯⋯ 021

05　「鋒面」是如何形成的呢？⋯⋯⋯⋯⋯⋯⋯⋯⋯⋯⋯ 024

06　熱帶性低氣壓和溫帶氣旋的差異是什麼？⋯⋯⋯⋯⋯ 029

07　為什麼「看到被夕陽染紅的天空，
　　　隔天就會放晴」？⋯⋯⋯⋯⋯⋯⋯⋯⋯⋯⋯⋯⋯⋯ 032

08　為什麼天空有8成被雲覆蓋還是會「放晴」呢⋯⋯⋯ 037

09　「氣溫」是如何決定的呢？⋯⋯⋯⋯⋯⋯⋯⋯⋯⋯⋯ 040

10 為什麼「大氣的狀態會變得不穩定」？ 043

■專欄1　為什麼天氣惡劣時會出現身體不適的症狀？ 046

第2章　學習「雲、雨、雪」

11 雲的真面目竟然不是「水蒸氣」？ 050

12 雲的大小和形狀是如何決定的呢？ 053

13 奇形怪狀的雲是如何形成的呢？ 055

14 雨是如何形成的呢？ 060

15 「劇烈的雨」的降雨強度是多少？ 062

16 伴隨雷雨出現的閃電為什麼朝著曲折
的方向行進？ 064

17 彩虹是怎麼形成的？ 067

18 即使氣溫高達10℃左右，還是有可能下雪嗎 070

19 為什麼雪的結晶是六角形？ 072

20　除了雨、雪、冰雹，天空還會降下什麼
　　「麻煩的東西」⋯⋯⋯⋯⋯⋯⋯⋯⋯⋯⋯⋯⋯⋯⋯⋯⋯⋯⋯⋯ 075

■專欄2　方便的天氣APP⋯⋯⋯⋯⋯⋯⋯⋯⋯⋯⋯⋯⋯⋯ 078

第3章　學習「四季與天氣現象」

21　何謂決定日本四季的高氣壓？⋯⋯⋯⋯⋯⋯⋯⋯⋯ 082

22　為什麼「春一番」就是春天降臨的信號呢？⋯⋯ 086

23　為什麼有「梅雨」？⋯⋯⋯⋯⋯⋯⋯⋯⋯⋯⋯⋯⋯⋯⋯ 089

24　關東的梅雨和九州的梅雨哪裡不一樣呢？⋯⋯⋯ 092

25　為什麼「秋日天空」變幻莫測？⋯⋯⋯⋯⋯⋯⋯⋯ 095

26　為什麼日本海沿岸在冬季會下豪雪？⋯⋯⋯⋯⋯ 097

27　為什麼太平洋沿岸也會下大雪呢？⋯⋯⋯⋯⋯⋯ 100

28　創下低溫紀錄的「輻射冷卻」是什麼呢？⋯⋯⋯ 104

■專欄3　花粉與寄生蟲的關係⋯⋯⋯⋯⋯⋯⋯⋯⋯⋯⋯ 106

第4章　認識何謂「颱風」

29 颱風是如何生成的呢? ……………………………… 110

30 颱風的雲層厚度有幾公里? …………………………… 114

31 為什麼颱風有「眼」? ………………………………… 117

32 颱風的強風是如何產生的呢? ………………………… 120

33 「大型颱風」與「強烈颱風」的差異是什麼? ……… 122

34 颱風的路徑是如何決定的呢? ………………………… 124

35 為什麼行進風向的「右側」的風勢會增強? ………… 126

36 為什麼颱風只要一登陸，威力就會減弱? …………… 129

37 颱風即使變成溫帶氣旋，也不一定會減弱嗎? ……… 131

38 颱風會造成什麼樣的損害? …………………………… 133

■專欄4　如何做好有關氣象災害的災害防治工作 ……………… 137

第 5 章　學習「氣象災害、極端天氣」

39　為什麼「游擊式豪雨」愈來愈多? ……………………… 142

40　「龍捲風」是怎麼發生的? ……………………………… 146

41　「突然颳起的暴風（突風）」和龍捲風
　　 有何不同? ……………………………………………… 153

42　為什麼炎熱的日子會降下「冰雹」? …………………… 155

43　什麼是「焚風現象」? …………………………………… 158

44　夏天真的會愈來愈熱嗎? ………………………………… 162

45　「聖嬰現象」與「反聖嬰現象」的差異為何? ………… 166

46　「地球暖化」真的持續進行嗎? ………………………… 170

47　暖化會導致大寒流來襲嗎? ……………………………… 176

48　火山大爆發會使地球寒冷化嗎? ………………………… 180

■專欄5　通通都在這裡! 史上最高、最低紀錄 …………… 183

第6章　學習「氣象預報的原理」

49　為什麼日本以前的人會說「貓咪洗臉就會下雨」？ 188

50　氣象觀測會用到哪些儀器呢？ 193

51　氣象預報的準確度達85~90％是真的嗎？ 201

52　櫻花的「開花預測」是怎麼做的呢？ 205

53　有哪些冷門「預報」？ 208

54　氣象相關的工作、預報員考試很困難嗎？ 213

■專欄6　以打造「零天災」社會為目標 215

結語　219
參考文獻等　221

第1章
學習「天氣的基本概念」

01 雲的形成必須具備哪些條件？

「風」與「雲」是左右天氣發生變化的兩大關鍵，而兩者之間也有著密不可分的關係。首先，先我們先從「雲的形成方式」談談有關「天氣的基本概念」。

◎ 雲因上升氣流而形成

說到風，一般都認為風若不是從北往南吹（或者從南往北吹），就是從東往西吹（或是從西往東吹）。事實上，地球是三度空間，所以也會上下吹。

「從下往上（從地表往上空）吹的風」稱為**上升氣流**，「從上往下（從上空往地表）吹的風」稱為**下沉氣流**。

「上升氣流」是雲形成的必備條件。也就是說，**雲的形成，幾乎可以和「一定要有上升氣流存在」畫上等號**。而且，上升氣流愈強，形成的雲層就愈厚，同時也會下大雨、下大雪。

一般的低氣壓，會引起秒速約幾公尺的上升氣流。但如果是激烈的雷雨，有可能達到秒速10公尺以上。換句話說，風每1秒往上吹10公尺。

雖然在日本相當少見，但是在美國等地，在各種產生強烈龍捲風的巨型積雨雲當中，有一種最為劇烈的稱為超級胞[1]。超級胞的秒速甚至會達到50公尺。

1-1　上升氣流愈強，形成的雲層愈厚

雲

上升氣流

隨著從左（上升氣流微弱）往右（上升氣流強），雲也逐漸發達成形

◎為什麼會產生上升氣流？

產生上升氣流的契機有好幾種。

第一種是**兩股不同方向的風互相碰撞時**，畢竟風不能鑽進地面，所以往空中升起時會產生上升氣流。

另外，地表的空氣因**日照**而變暖時，變暖的空氣會變輕，所以會像熱氣球一樣升空。

例如老鷹，就是隨著上升氣流的風，繞圈飛翔。

[*1] 所謂的超級胞，就是某一種異常發達、壽命長的積雨雲，造成非常暴烈的天氣現象。一般認為超級胞之所以在日本不常見，原因是日本沒有像美國一樣廣大的平原，而凹凸不平的地形會產生「摩擦」，不利於發生積雨雲異常發達的現象。

1-2 產生上升氣流的契機

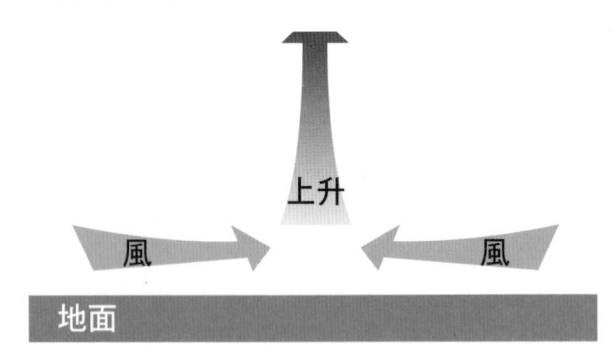

上升

風 → ← 風

地面

兩股風碰撞而產生

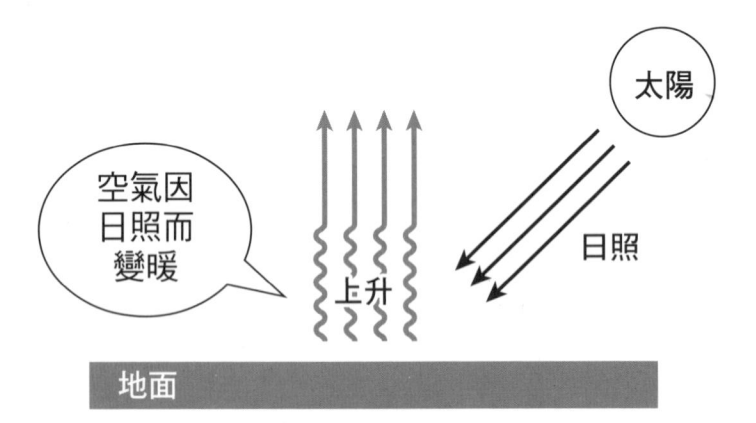

太陽

空氣因日照而變暖

上升　日照

地面

因日照而產生

02 「大氣」和「氣壓」是什麼？

我想平常會意識到這兩者的人不多。但空氣在我們的生活中無所不在，空氣也有重量，而我們就是生活在它的「壓力」之下。

◎ 何謂「大氣」

所謂的大氣，就是呈層狀覆蓋於地球表面的氣體。基本上，幾乎可以和我們稱為「空氣」之物畫上等號。

地球表面覆蓋著受地球的引力吸引所形成的大氣（氣體、空氣），引力的影響會隨著大氣往上空移動而減少，大氣也會變得稀薄。

1-3　空氣的濃度與成分

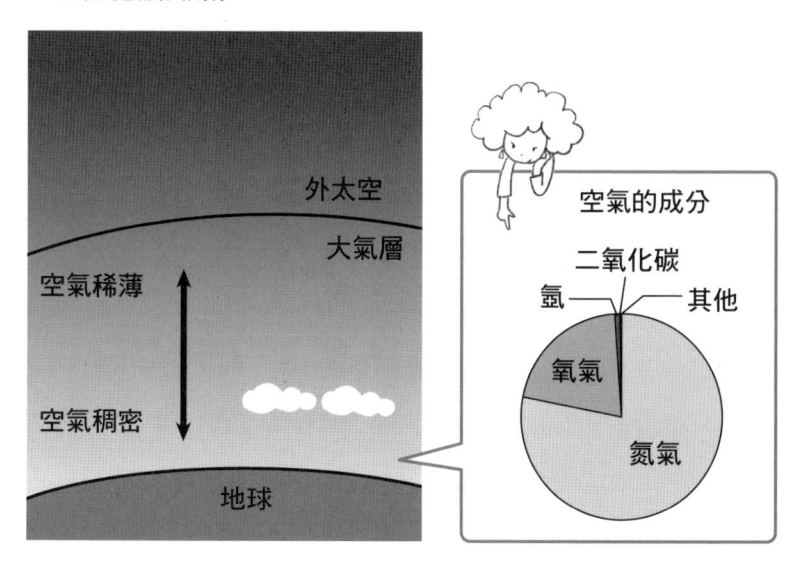

大氣的成分約有**78%是氮氣**、**21%是氧氣**、0.93%是稀有氣體之一的氬、0.03%是二氧化碳。另外，還含有微量無數種的氣體。

◎何謂「氣壓」

對了，請問各位知道「空氣」也有重量嗎？或許這件事對現代人而言已經是理所當然的常識，但是當初在17世紀，由托里切利（埃萬傑利斯塔・托里切利，義大利的物理學者）向世人首度公開這件事時，據說被當時的人斥為無稽之談。

相信各位都能夠想像水中存在著「水壓」吧？只要潛到水深之處，鼓膜就會發疼，甚至流鼻血。如果再潛到更深處，整個人都會被壓扁。這是因為潛入深處，會使自己上方的水的重量，壓在自己身上，這股「壓下來的力量」稱為水壓。

托里切利說「我們生活在大氣之海的底部」，就像水壓一樣。簡單來說，**生活在空氣之中，類似於生活在水中**[1]。

所以，上述這種空氣的壓力（相較於水的壓力被稱為「水壓」）被稱為「氣壓」。

表示氣壓大小的單位，就是我們經常在氣象預報中聽到的**百帕（hPa）**，而地球表面的平均氣壓是1013 hPa。

◎氣壓與高度

一樣都在水中，浮在水面上的氣壓會變小，而在空中的話，則是愈往上空，氣壓愈小，因為存在於頭上的空氣量會跟著減少。

---

[1] 當然，液體和氣體不同，但兩者在物理學上都被歸為「流體」，壓力等性質，也可以被視為很類似。

相信有些人有過這樣的經驗：把在平地買的袋裝洋芋片帶到高山後，整袋洋芋片就像吹氣球一樣鼓了起來。這是因為高山的氣壓小於平地，所以來自袋子周圍的擠壓力量變小所致（舉例而言，如果是海拔2000公尺的高山，氣壓會降到800百帕左右，所以來自周圍擠壓袋子的力量大約只剩下在平地的8成）。

　　雖然人體多少能承受氣壓的變化，但耐力最差的部位是鼓膜。當氣壓急速下降時，鼓膜內側的氣壓較外側是相對提高，所以鼓膜會受到身體從內往外的壓迫。這也是為什麼當我們搭乘高速電梯和飛機起飛時，耳朵會發出啷啷聲。

1-4　**氣壓差異的示意圖**

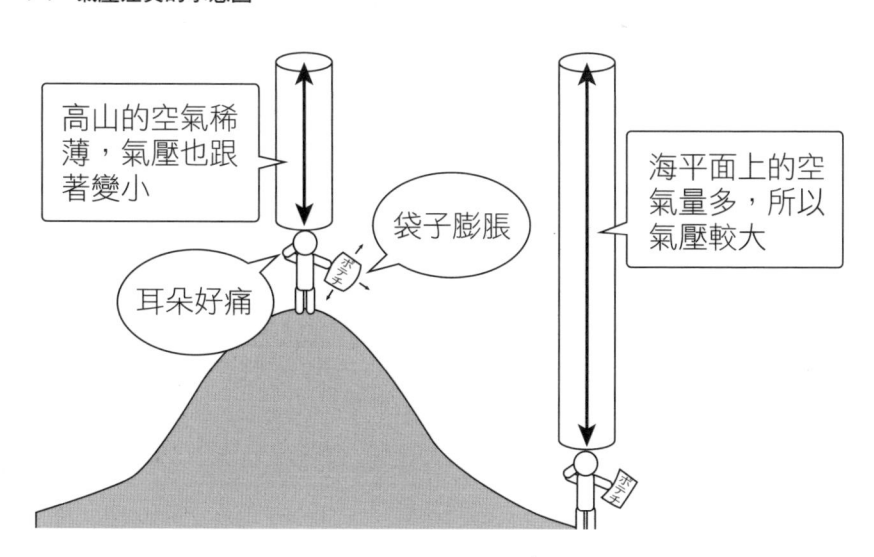

高山的空氣稀薄，氣壓也跟著變小

袋子膨脹

耳朵好痛

海平面上的空氣量多，所以氣壓較大

03 「低氣壓」和「高氣壓」是如何產生的呢？

「低氣壓」和「高氣壓」是氣象預報中經常出現的兩個名詞。不過，大家是否清楚這兩者的差異呢？接著，讓我們一起看看這兩者的差異與各自具備的特徵吧。

◎ 低氣壓和高氣壓有哪些差異？

前述提到地球表面的平均氣壓是1013百帕（hPa）。但是，這畢竟只是平均值，當然不可能每個地方都一樣。氣壓高（空氣稠密）與氣壓低（空氣稀薄）之處都各自分布在不同的地方。

氣壓比周圍高的地方稱為「高氣壓」，氣壓比周圍低的地方稱為「低氣壓」。換句話說，並沒有明確的數值規定「多少百帕以下（以上）就是低氣壓（高氣壓）」。**重要的是它「比周圍環境低還是高」**。

舉例而言，假設周圍是1050百帕，那麼1030百帕的地方就算是低氣壓；如果周圍是1010百帕，那麼1008百帕就是高氣壓。

我個人的印象是，在關東會造成降雨的低氣壓平均是1000百帕。如果是颱風就降到970百帕。至於伊勢灣颱風[*1]等級的氣壓是930百帕。另外，在2013年重創菲律賓，造成8000人以上罹難的海燕颱

---

*1　伊勢灣颱風（中文譯名為薇拉颱風）是在1959年9月26~27日肆虐日本本州，尤其對名古屋周邊地區造成莫大損害的颱風。在第二次世界大戰之後，以在日本造成超過5000人罹難的自然災害而言，除了阪神淡路大地震和東日本大地震之外，最後一個就是伊勢灣颱風。

風*2，則達到了895百帕（據說非官方觀測的數值顯示有達到860百帕）。

1-5 低氣壓與高氣壓

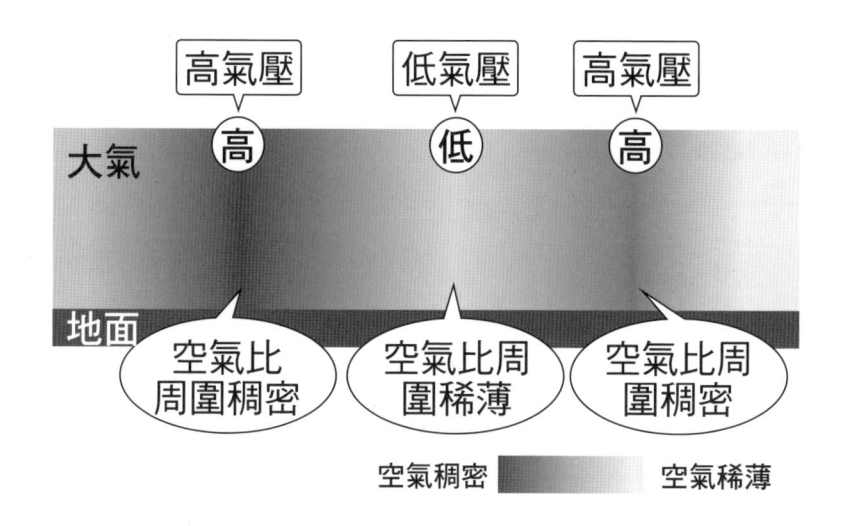

◎兩者是如何形成的呢？

那麼，低氣壓和高氣壓是如何形成的呢？形成的機制不只一種，不過關鍵都在於「氣溫」。

空氣遇熱時，密度會變小；遇冷時會縮小，密度變大。

換句話說，**局部的溫度升高時，該處的空氣密度會變小（氣壓降低），容易產生低氣壓**；相反地，**低溫時，因為空氣密度變大（氣壓升高），因而容易形成高氣壓。**

---

*2 2013年11月4日從菲律賓中部登陸後，從越南一路進入中國的「超級颱風」。中心氣壓為895百帕。最大瞬間風速為90m/s（美軍觀測為105m/s）。罹難者及失蹤者約8000名。是災民高達1600萬人的重大天災。

舉例而言，冬季酷寒的西伯利亞會形成全世界最強的高氣壓，也就是所謂的「西伯利亞高氣壓」。相反地，夏季的氣溫會升高，所以低氣壓常常蠢蠢欲動。從這個現象可看出氣溫對高氣壓與低氣壓的形成會發揮很大的影響力。

1-6　暖空氣與冷空氣的氣壓

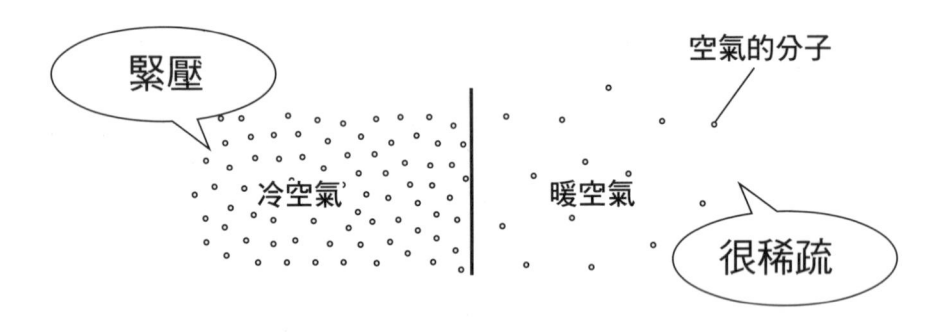

緊壓

空氣的分子

冷空氣　　暖空氣

很稀疏

冷空氣的分子密度大　　暖空氣的分子密度小

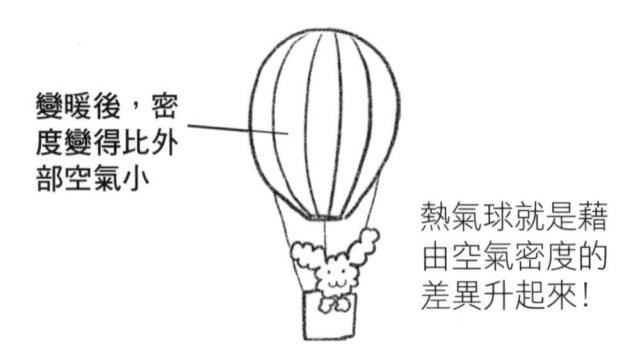

變暖後，密度變得比外部空氣小

熱氣球就是藉由空氣密度的差異升起來！

04 為什麼低氣壓會造成壞天氣，高氣壓會帶來晴天呢？

風從氣壓高的地方吹往氣壓低的地方。高氣壓是風流向周圍，而低氣壓是風從周圍流過來，這樣的特徵會影響天氣的變化。

◎ 低氣壓是「窪地」

就像水從高處往低處流，空氣也是氣壓從高處往低處流動。在流動的過程中會產生「風」。

說到低氣壓，大家可以想成它就像一個氣壓比周圍低的「窪地」，所以周圍的風都會往那裡吹。從四面八方吹過來的風會互相碰撞，而不是潛入地面，所以**會產生上升氣流，促進雲的形成**。

聚集的風，受到地球自轉的影響，會形成**逆時針方向旋轉的渦旋**。

1-7 低氣壓的風與渦旋

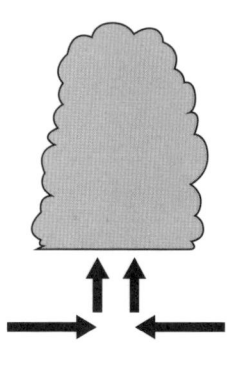

聚集的風會互相碰撞，產生上升氣流，促進雲的形成

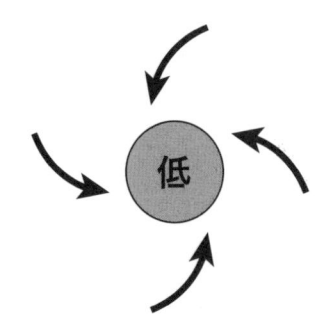

受到地球自轉的影響，聚集的風會形成逆時針方向旋轉的渦旋

◎ 高氣壓是「山丘」

相對地，各位可以把高氣壓想像成氣壓比周圍高的「山丘」。和風從四面八方吹來的低氣壓剛好相反，高氣壓是風往周圍吹。**這時會產生從上空往下吹的風（下沉氣流）**，造成雲層消失，使天氣恢復晴朗。

受到地球自轉的影響，風會形成以**順時針方向旋轉**的渦旋。

1-8 高氣壓的風與渦旋

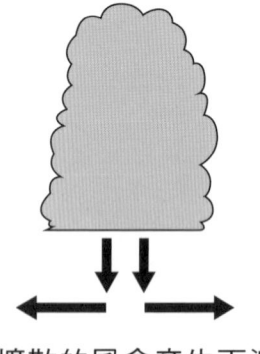

擴散的風會產生下沉氣流，使雲層消失

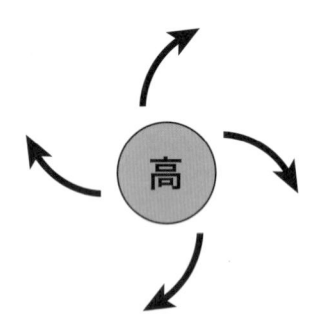

受到地球自轉的影響，聚集的風會形成順時針方向旋轉的渦旋

◎ 帶來壞天氣的鄂霍次克海高氣壓

當然也有例外。即使在高氣壓區域內，有時也會出現陰天和雨天，其中最有名的是**鄂霍次克海高氣壓**。

只要鄂霍次克海出現來自三陸近海的高氣壓，本州一帶就會吹起來自海面上的潮溼東北風，造成零星雨勢和濃霧。這種東北風稱為**山背風**，目前已知如果夏季長期吹山背風會造成冷害。

1-9 鄂霍次克海高氣壓

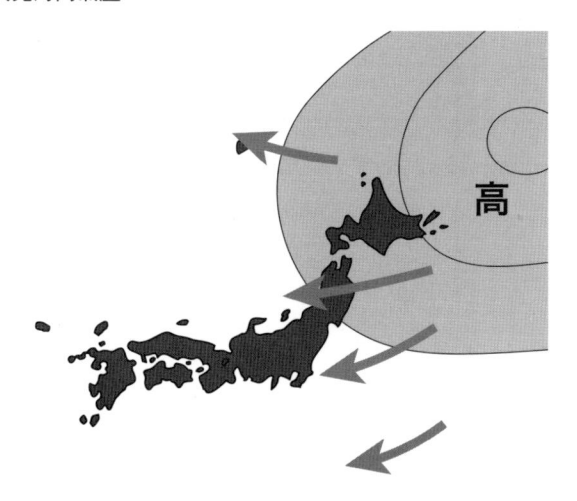

鄂霍次克海高氣壓會在東~北日本的太平洋帶來潮溼的東北風

◎「山背風」引起的冷夏

日本自古把丑寅（東北）稱為「鬼門」，將之視為不吉的方位。至於這個方位被視為不祥的理由眾說紛紜，但根據我的推測，可能和「山背風」有關。

東京只要因「山背風」吹起東北風，氣溫就會下降，讓人覺得冷颼颼。天空烏雲密布，時不時下起小雨，是很容易讓人感到憂鬱的天氣。這種天氣不但對健康無益，還容易使情緒陷入低落，連稻作也會歉收，可說有百害而無一利。這也是為什麼「東北風」會被視為製造惡劣氣候的鬼門了[*1]。

---

*1 事實上，造成全國歉收，甚至得緊急從泰國進口稻米的被稱為「沒有夏天」的1993年，也是因為東北風導致嚴重的冷夏來襲。

05 「鋒面」是如何形成的呢？

梅雨鋒面、秋雨鋒、冷鋒……，「鋒」是我們日常生活中耳熟能詳的名詞。鋒的基本種類有4種，以下為各位一一詳細介紹。

◎ 何謂鋒

當冷空氣與暖空氣碰撞時，大家覺得會發生什麼事呢？

如果用小型的容器進行實驗，我們會發現兩者很快就互相交融，但如果是幾百公斤，甚至是幾千公斤的冷熱氣團碰撞，就無法輕易交融。兩者會持續互相推擠幾天，甚至可長達數週。兩者的交界面稱為**鋒面**，而鋒與地表的交會處則稱為**鋒**。

鋒大致可分為暖鋒、冷鋒、停滯鋒、囚錮鋒這4種。這些種類都是依照冷暖氣團碰撞時，哪一方占上風而分類。

1-10 鋒面與鋒

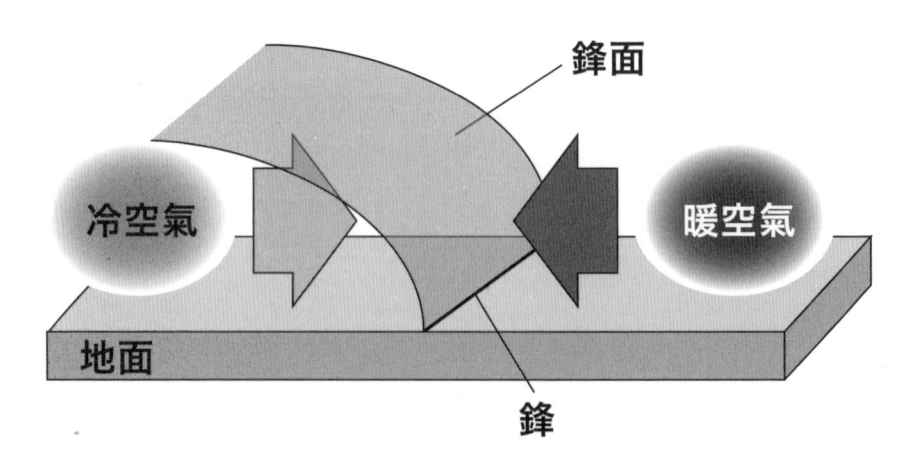

◎ 暖鋒

暖空氣較為強勢，把冷空氣逼退的鋒稱為**暖鋒**。

暖空氣會緩緩爬升至冷空氣之上，所以暖鋒會形成**雨層雲**。**範圍廣且持續時間長，雖然會下雨和下雪，但一般而言雨勢和雪勢都不大**。

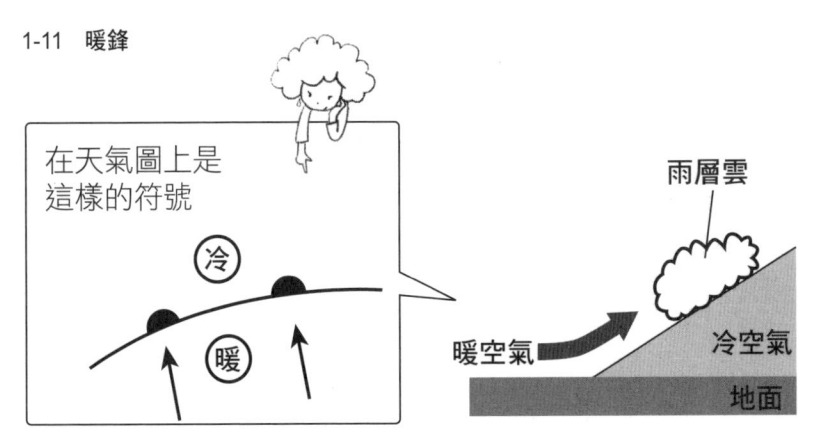

1-11　暖鋒

在天氣圖上是這樣的符號

占優勢的暖空氣，緩升於冷空氣之上，形成雨層雲，
產生大範圍、連續性的降雨天氣

◎ 冷鋒

和暖鋒相反，較占優勢的冷空氣，把暖空氣逼退的是**冷鋒**。

請各位想像，所謂的冷鋒，就是冷空氣會鑽入暖空氣之下，硬是把暖空氣抬起來的狀況。這樣會產生劇烈的上升氣流，形成**積雨雲**。**容易出現激烈的雨勢和雪勢，有時也會伴隨打雷、下冰雹、突然颳起**

強風、龍捲風。不過，持續時間大多短暫，範圍也小。

1-12 冷鋒

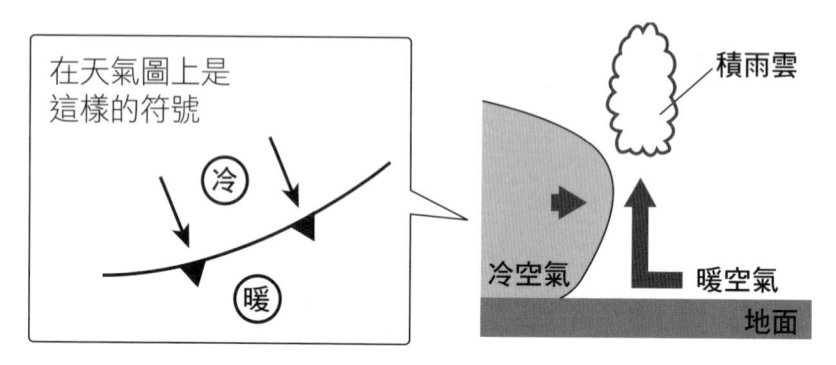

在天氣圖上是這樣的符號

占優勢的冷空氣，鑽入暖空氣之下
形成積雨雲，在小範圍短暫出現猛烈的降雨

◎滯留鋒

另外，當兩者勢均力敵時形成的鋒稱為**滯留鋒**。各位只要把這種情況想像成冷空氣和暖空氣互不相讓就可以了。滯留鋒的好朋友就是大家耳熟能詳的「梅雨鋒面」[*1]。

---

*1　梅雨鋒面在日本是冷暖氣團互相碰撞所形成，但在西日本是潮溼的暖空氣與來自大陸的乾燥暖空氣互相碰撞所形成（這種鋒面稱為「水蒸氣鋒」）。詳情會在第3章說明。

1-13 滯留鋒

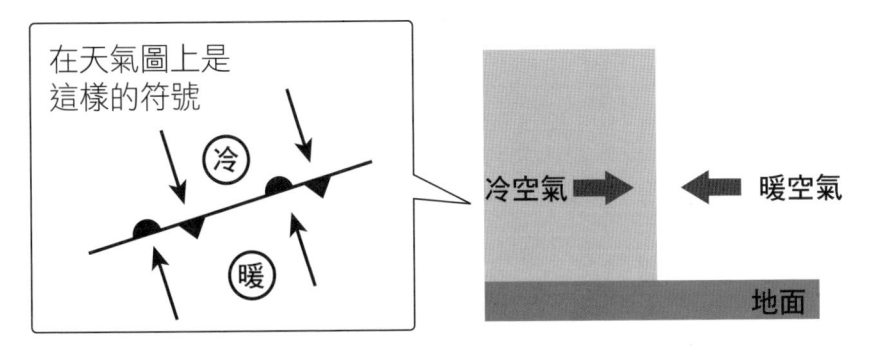

冷暖空氣以不分上下的強度互相碰撞

◎ 囚錮鋒

低氣壓在北半球會形成逆時針方向旋轉的渦旋。換言之，低氣壓的右邊會形成暖空氣從南邊進入的「暖鋒」，而左邊會形成冷空氣從北邊進入的「冷鋒」。

這時，**冷鋒的速度比暖鋒快**，所以就像時鐘的長針和短針一樣，冷鋒終究會追上暖鋒。此時，兩鋒合併的部分就是所謂的**囚錮鋒**。

◎ 鋒的個性比想像中多元

以上為各位介紹了4種鋒。另外要補充一點的是，每一種鋒都具備鮮明的個性。

以暖鋒為例，來自赤道、非常潮溼的空氣（赤道氣團）在發揮暖空氣的作用時，會帶來「劇烈的降雨」，有時即使冷鋒通過，唯一造

成的變化也只有雲量稍微增加，並不會下雨。

1-14 囚錮鋒

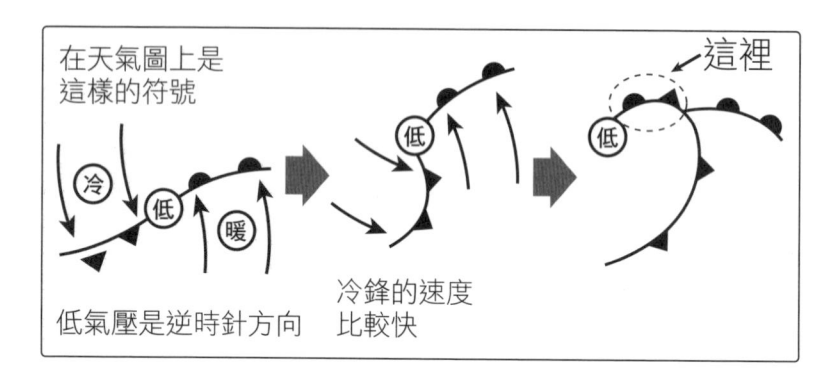

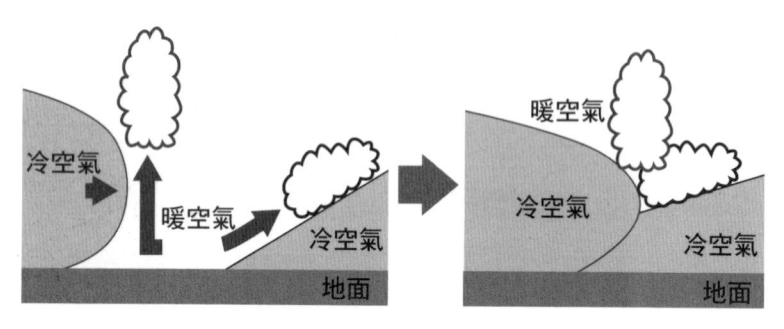

在天氣圖上是這樣的符號

低氣壓是逆時針方向

冷鋒的速度比較快

這裡

暖鋒與冷鋒重疊的示意圖

06 熱帶性低氣壓和溫帶氣旋的差異是什麼？

溫帶氣旋、熱帶性低氣壓、南岸低氣壓、炸彈低壓……，相信一定有人很驚訝，原來「低氣壓」的種類有這麼多。要注意的是，其中有些並非正式的氣象用語。

◎ 熱帶性低氣壓與溫帶氣旋

「低氣壓」的種類如此繁多，首先依照形成地區的分類看起吧。

地球的氣溫從赤道往極地緩步下降。其中包括某些溫度會產生劇烈變化的地區（冷暖氣團互相碰撞的地方），稱為**鋒面帶**。

在鋒面帶以南的區域所形成的低氣壓就是「熱帶性低氣壓」。

其中，最高風速達到每秒17.2公尺以上的就是「颱風」。

熱帶性低氣壓的渦旋完全只靠暖空氣形成，一般不會形成鋒。

另一方面，**在鋒面帶附近形成的是「溫帶氣旋」**。不過，日本會把溫帶氣旋稱為「低氣壓」。

鋒面帶是冷暖氣團碰撞的地帶，所以如同前述，一般都會伴隨鋒的形成。

◎ 南岸低氣壓與極地低壓

溫帶氣旋當中，在台灣附近形成後，朝東北方向往日本南部移動

1-15　鋒面帶與溫帶氣旋

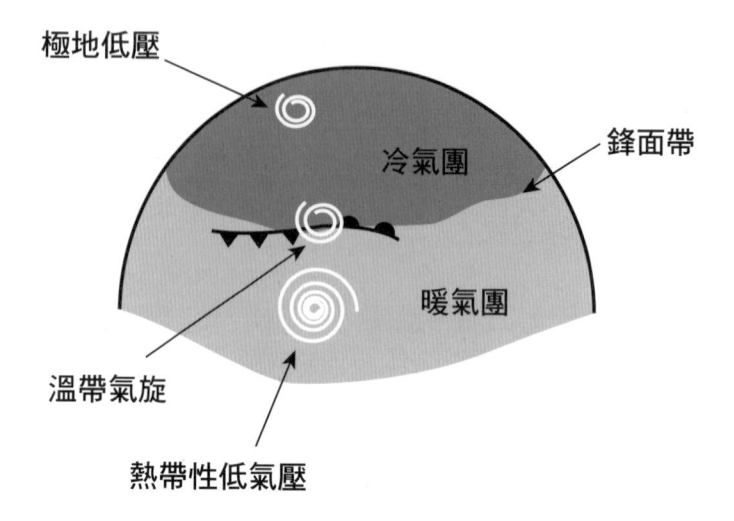

極地低壓
冷氣團
鋒面帶
暖氣團
溫帶氣旋
熱帶性低氣壓

的特別被稱為**「南岸低氣壓」**。

　　南岸低氣壓會帶來來自北方的冷空氣，造成一般不常下雪的太平洋沿岸，也可能降起大雪。我相信住在關東地區的朋友，一定對這個低氣壓的名稱耳熟能詳。

　　另外還有在鋒面帶以北的冷氣團形成的**「極地低壓」**「寒帶氣團低壓」「極氣團低壓」等。或許大家會覺得這些低氣壓的名稱聽起來很陌生，因為就像溫帶氣旋一般出現在日本媒體報導時，都簡稱為低氣壓，這些低氣壓也幾乎都被稱為低氣壓。不過，極地低壓的結構類似於颱風，有時會成為冬季局部大雪的原因，另外，也會引發打雷、突如其來的強風、龍捲風等，是我們不可掉以輕心的低氣壓[1]。

第1章 學習「天氣的基本概念」

◎ 炸彈低氣壓

有些低氣壓並非依照形成的地區命名，而是依照發展程度。在所有溫帶氣旋當中，發展程度最急速的被稱為**「炸彈低氣壓」**。

炸彈低氣壓雖然是經常出現在颱風新聞報導的用語，但是聽起來可能不夠正式，所以已經被日本氣象廳改為「急速發展的低氣壓」。

1-16 炸彈低氣壓

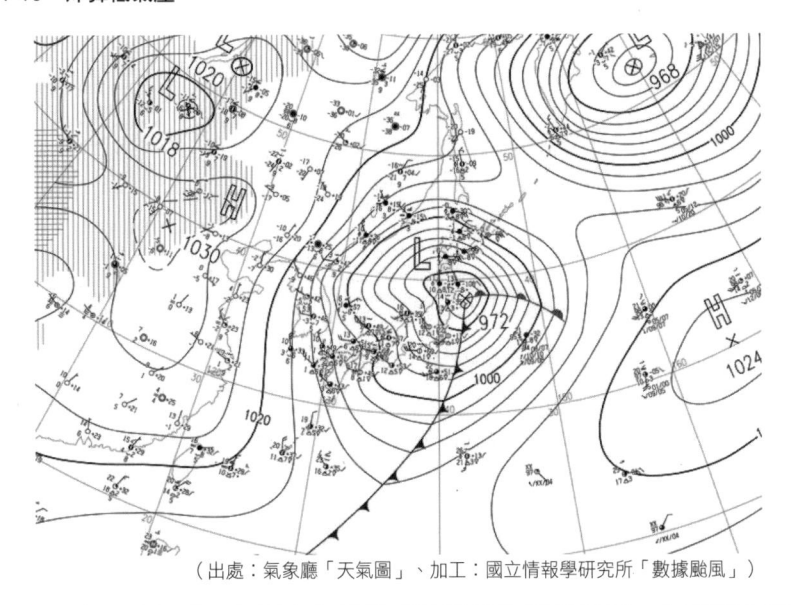

（出處：氣象廳「天氣圖」、加工：國立情報學研究所「數據颱風」）

2004年12月5日，在日本各地造成強風的炸彈低氣壓。在千葉市創下47.8m/s的最大瞬間風速。

---

*1　2000年2月8日，極地低壓造成雪量不多的關東地區降雪，還伴隨著打雷，根據觀測顯示水戶的積雪達17cm。

07 為什麼「看到被夕陽染紅的天空,隔天就會放晴」?

風也有各式各樣的種類。例如在地球表面上大規模的空氣流動、從海上吹向陸地的風等。不過,共同不變的重點在於「風都是從氣壓高的地方吹往氣壓低的所在」。

◎ 貿易風

整個地球最熱的地方在赤道附近。這些氣溫炎熱的地方,空氣容易變得稀薄,形成低氣壓的機率很高。

位於赤道附近,像圍住地球的「低壓帶」,是氣壓最低的風帶,又稱為**赤道低壓帶**和**熱帶輻合帶(ITCZ)**。赤道低壓帶經常出現積雨雲,所以驟雨與雷雨頻發,也就是俗稱的**暴風雨(Squall)**[*1]。這個地區的降雨量十分充沛,生長著茂密的熱帶雨林。

在赤道附近上升的空氣,在北緯與南緯各20〜30度附近的地方開始下降,這一帶就是**副熱帶高壓帶**。副熱帶高壓帶不容易形成雲,降水量少,容易形成沙漠。

不過,前面提過風從氣壓高的地方吹往氣壓低的地方。換言之,在緯度低的地方,風永遠從氣壓高(空氣稠密)的副熱帶高壓帶吹往

---

*1　嚴格來說,Squall的意思是「突來的強風」。

氣壓低（空氣稀薄）的赤道低壓帶，這樣的風稱為**貿易風**[*2]。在北半球吹的貿易風原本應該是從北往南吹，但是受到地球自轉的影響，所以風向轉為東北。

1-17 貿易風與西風帶

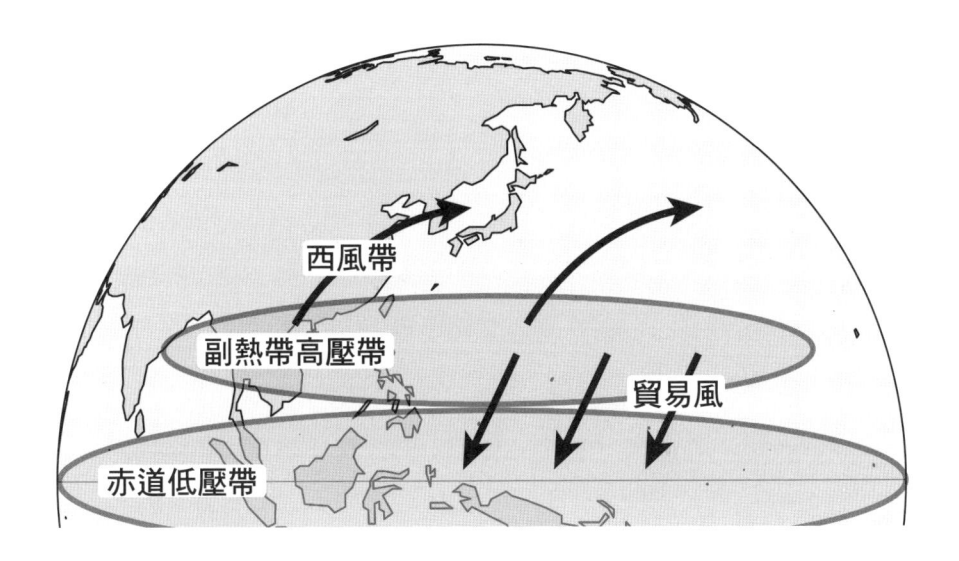

◎ 西風帶

另外還有從副熱帶高壓帶吹向氣壓相對較低的高緯度方向的盛行風，就是所謂的**西風帶**。西風帶原本應該是從南吹向北，但是受到地球自轉的影響，所以轉為西風。

日本附近的上空吹的是偏西風，風最強的地方稱為**高速氣流**。風速達每秒100公尺，換算成時速的話超過300公里，可媲美新幹線。低

[*2] 「貿易風」是地球上最穩定、風向規律恆定的風。因為永遠從同樣的風向吹過來，據說古代進行海上貿易的帆船，一定利用此風航行於大海上，因而得到此名。

氣壓和高氣壓也會乘著偏西風移動，所以天氣從西往東產生變化。

搭機前往美國等往東飛行的地方時，去程和回程的飛行時間會有明顯的差異。原因在於風向，去程是順著偏西風，而回程是逆著偏西風。

另外，「看到被夕陽染紅的天空，隔天就會放晴」是日本一句有關天氣的諺語。原因是看得到夕陽的西邊，一直都沒有雲。這也意味著沒有雲乘著偏西風移動過來，所以暗示著「會放晴」。

◎ 海陸風

接著讓我們把焦點轉移到陸地與海（海水）。

不容易變熱，卻容易冷卻是水的重要特徵之一。陸地的氣溫會隨著太陽升起而升高，但海水的溫度卻不會上升。總而言之，白天海水的溫度相對較低，而陸地較為溫暖。

風從氣壓高的地方往氣壓低的地方吹，所以風會從相對而言氣壓較高（沒有加溫）的海上，朝著氣溫變暖的陸地（氣壓低）吹，這種風就是**海風**。

相反地，到了夜晚，陸地的氣溫會不斷降低，但海水的溫度卻很難變得更冷。所以在陸地相對較冷（高氣壓），而海水較為溫暖（低氣壓）的情況下，風就改為從陸地吹向海，這種風就是**陸風**。

我相信在日本常聽天氣預報的朋友，可能已經發現：當東京天氣穩定時，當天的風向大多是「北風，白天吹南風」；如果是新瀉，「吹南風，白天吹北風」的機率很高。從這個現象可以充分看到海陸

風所發揮的影響力。

不過，遇到颱風接近，或是雲層密布，導致日照不足時，海陸風就會變得較不明顯。

◎ 季節風

季節風的成因基本上可以和海陸風以同樣的原理解釋。

1-18 海風與陸風

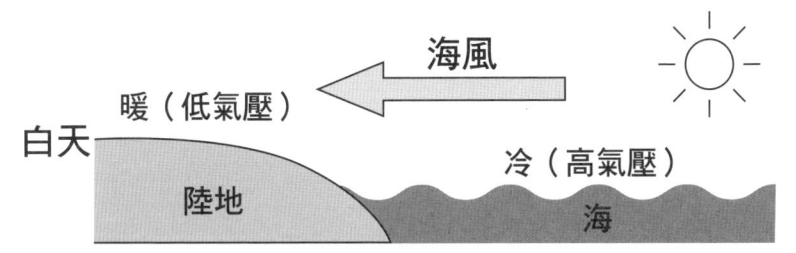

白天　暖（低氣壓）　←海風　冷（高氣壓）
陸地　　　　　　　　　　　海

陸地的氣溫在白天會升高，氣壓相對於海較低。所以風會從冰冷（高氣壓）的海吹過來

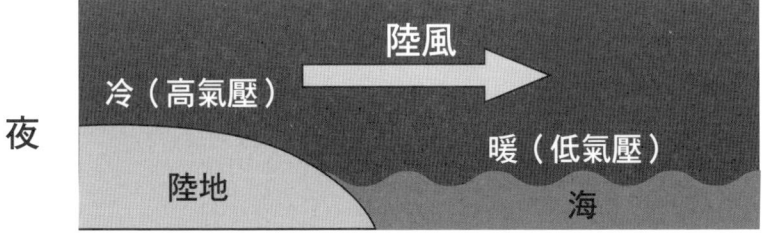

夜　冷（高氣壓）　陸風→　暖（低氣壓）
陸地　　　　　　　　　　　海

陸地的氣溫在夜間下降，氣壓相對於海會提高。所以風會吹向溫暖（低氣壓）的海

簡單來說，海陸風影響的範圍較小，而季節風所影響的範圍等級是「大陸與太平洋」。如果以這樣的規模來看，日本群島也只是根本可以忽略的小島。

到了夏天，大陸的氣溫會不斷升高，但太平洋上方的氣溫卻不見上升。換言之，大陸是低氣壓，太平洋成為相對的高氣壓，所以會出現從太平洋以東南方吹向大陸的季節風。

相反地，到了冬天，大陸的氣溫明顯下降，但太平洋上方的氣溫卻沒有太大的變化。換言之，大陸是高氣壓，而太平洋成了低氣壓，所以會出現從大陸以西北方吹向太平洋的季節風。

1-19 季節風

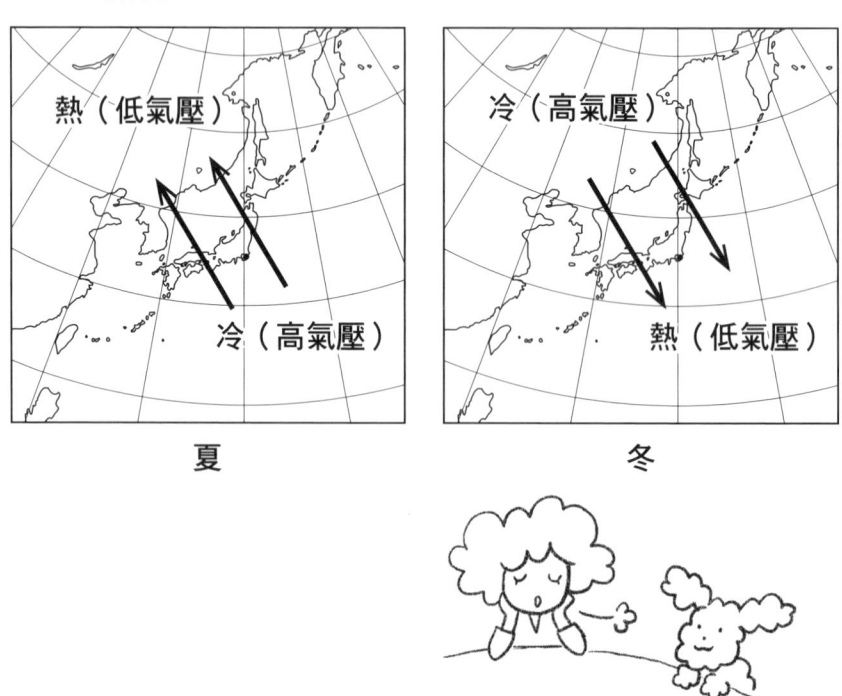

夏　　　　　　　　　　　冬

08 為什麼天空有8成被雲覆蓋還是會「放晴」呢？

請問大家知道「天氣晴朗」的定義是什麼嗎？要清楚區分晴天與陰天的界線實在有點困難。另外，除了讓人神清氣爽的「晴天」，還有溼熱、讓人覺得很難受的「晴天」。

◎「晴天」的定義

就氣象學的定義而言，所謂的晴天是「雲量介於2～8的時候」。具體而言，如果把整個天空當作10，那麼，在這10成當中有幾成是雲就是總雲量。換句話說，**當天空有20~80%的範圍被雲覆蓋時，就稱為「晴天」**。就算太陽被雲遮住，還是稱為「晴天」。

雲量介於0～1最少的時候，日文稱為**快晴**，很接近中文所說的萬里無雲，而9～10的時候是**陰天**（如果沒有降水和打雷閃電等）。

1-20 快晴、晴天、陰天的差異

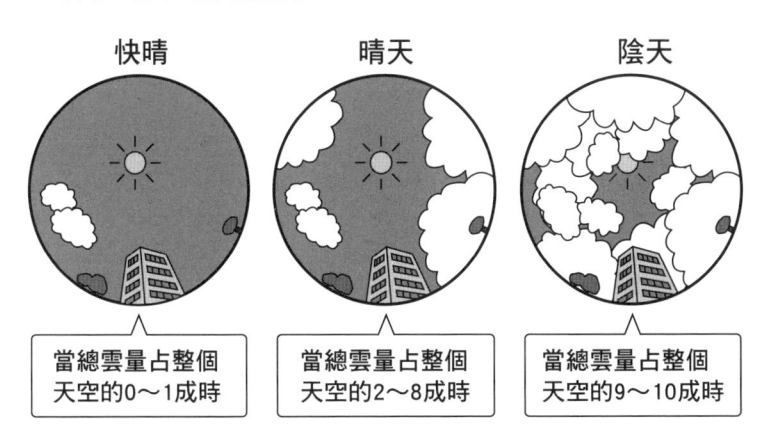

快晴	晴天	陰天
當總雲量占整個天空的0～1成時	當總雲量占整個天空的2～8成時	當總雲量占整個天空的9～10成時

雲量是依照預報員肉眼觀測，將天空分為10等分，經過目測所決定。

◎「晴天」與不快指數

雖然一樣都是晴天，但有些是氣溫維持25℃左右，讓人覺得神清氣爽的「好」晴天，但也有讓人覺得又悶又熱的「壞」晴天，兩者的差異在於「溼度」。即使氣溫相同，但溼度愈高，體感溫度也會愈高。

如果溼度低，汗水會不斷蒸發。蒸發時會帶走汽化熱[*1]，使皮膚冷卻下來，所以體感溫度會跟著下降。相反地，如果溼度升高，汗水就難以蒸發，會讓人覺得黏膩不舒服。而所謂的**不快指數**，就是用來表現這樣的體感溫度。

至於數字要達到多少才會讓人感到不快，據說取決於人種等因素，以日本人的情況而言如下圖所示。

1-21 不快指數

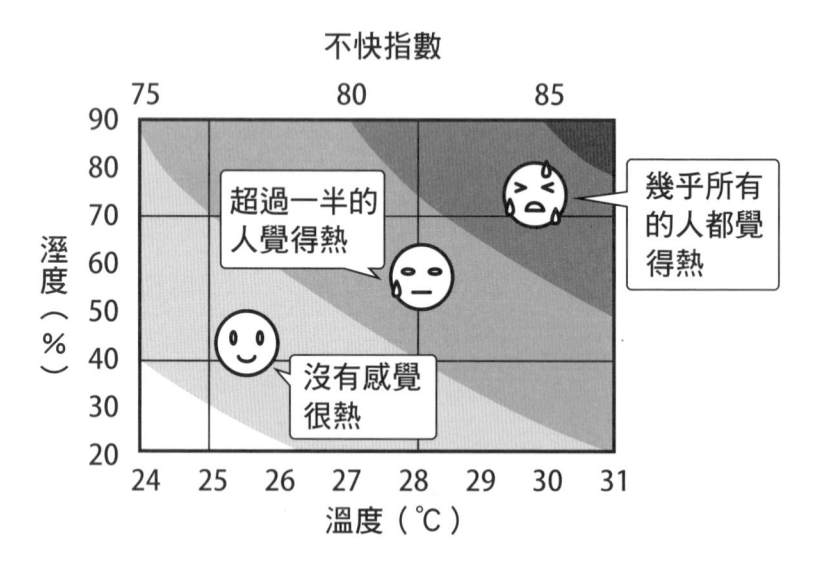

只要氣溫超過30℃，不快指數超過80的機率會跟著提高

*1 所謂的汽化熱，就是液體蒸發為氣體時，被周圍拿走的熱。液體蒸發時需要熱量，所以液體會從與其接觸的物質吸收熱量。如果放任身體溼淋淋的都不擦乾，就很容易感冒，也是因為體溫的熱能透過汽熱化被帶走所致。

日本四面環海，所以溼度高，盛夏的氣溫普遍超過30℃，溼度介於60～70%。因為兼具氣溫和溼度這兩大條件（也把熱帶夜、風等因素納入考量），東京夏季的酷熱程度可說是世界頂級。另一方面，拉斯維加斯等地，雖然夏季也會出現氣溫超過40℃的日子，但因為是沙漠城市，溼度低，身體所感受到的熱，程度還不至於超乎想像。

◎ 冷氣和除溼有什麼差異？

遇到溼度高、氣溫炎熱的日子，相信每個人都會迫不及待地開冷氣。不過，冷氣機的功能分為冷卻空氣（使氣溫下降）的「冷房」和降低溼度的「除溼」。到底這兩者有何差異呢？

冷房的功能是將熱氣趕出炎熱的房間，使溫度下降，讓人感覺變得涼爽。

相對地，**除溼**的功能是帶走房間的水分，降低溼度。其原理是吸收空氣中的水分，透過熱交換器帶走熱，使溼度下降[*2]。除溼又可細分為「弱冷房除溼（冷氣除溼）」和「再熱除溼（將除溼後的空氣加熱到適當溫度再送回房間）」的模式。

弱冷房除溼的作用是藉由帶走潮溼空氣的熱，同時帶走水分，恢復空氣的乾爽。所以溫度會稍微下降（電費比開冷氣少）。

另一方面，再熱除溼則是讓房間的空氣恢復乾爽時，將空氣再次加熱。雖然會多花點電費，但是很適合在氣溫不算很高的梅雨季使用。

希望各位都能依照季節與需求，讓冷氣與除溼的效益達到最大化。

---

*2　空氣中「能夠儲存的水分量」是固定的，而且儲存量依照氣溫產生變化。當氣溫升高時，空氣中的儲水量就會增加，相反地，當氣溫下降時，儲水量就會減少。受氣溫變化的影響所減少的水分，會化為水滴排出。和夏天炎熱的日子裡，裝了冰水的杯子周圍會出現水滴是同樣的原理。

09 「氣溫」是如何決定的呢？

每天的天氣預報，都會公布「最低氣溫」與「最高氣溫」。但有人知道這兩個氣溫是如何測定的嗎？接著，就請大家一起看看測定的方法與其他注意事項吧。

◎ 何謂氣溫

所謂的「氣溫」，指的是大氣的溫度。一般的測定方式是**以距離地面約1.5m的陰暗處為基準**，基本上是以一個成人的視線高度進行測量。

遇到氣溫達38℃的「猛暑日」時，各位須格外注意。因為這表示**向陽處的地表附近，溫度比38℃還高出許多**。所以家中有幼兒和寵物的人必須特別小心，以免中暑發生。

日本使用的氣溫單位是**攝氏**（Celsius[*1]、℃）。攝氏把水凍結時（凝固點）設為0℃，把水沸騰時（沸點）設為100℃，並把兩者之間劃分成100等分。

另外，美國等某些國家用的溫度單位是**華氏**（Fahrenheit[*2]、℉）。華氏把水凍結時設為32℉，把水沸騰時設為212℉，並把兩者之間劃分成180等分。1℉的溫差是0.556℃，30℃相當於86℉。

[*1] 攝氏溫度以設計者安德斯・攝氏（1701～1744）的名字命名。許多國家都採用攝氏溫度。

[*2] 華氏（Fahrenheit）以設計者加布里爾・華倫海特（1686～1736）的中文譯名的第一個字母命名。使用此溫度標準的有美國、英國、牙買加等國家。

1-22　攝氏與華氏

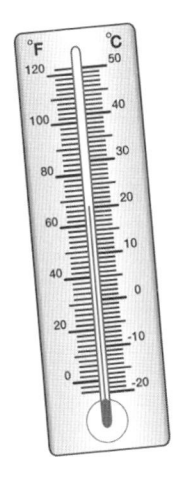

「粗略」地把英語圈使用的°F換算為°C的公式

把華氏溫度減掉 30 再除以 2

【華氏】		【攝氏】	
212°F		100°C	← 水沸騰
100°F （100－30）÷2＝35	➡	35°C	
50°F （50－30）÷2＝10	➡	10°C	
32°F		0°C	← 水凍結
10°F （10－30）÷2＝－10	➡	－10°C	
0°F		－15°C	

◎ 何謂溫度

還有一個與「氣溫」類似的詞彙是「溫度」。第一，溫度到底是什麼呢？溫度表示的是分子的震動幅度，以及進行「熱運動」的激烈程度（產生的熱能總量）。

舉例而言，天冷時，空氣的分子運動並不活潑，但炎熱時就會變得很活潑。簡單來說，**「分子運動的活潑程度＝熱能的量」就是溫度**。

那麼溫度的下限在哪裡呢？

如果溫度下降（變冷），理論上是「運動量歸零」。就是所謂的

041

絕對零度（-273.15°C）。另外，雖然人類還無法做得到絕對零度，但據說這就是溫度的下限。

那麼溫度的上限是多少呢？目前似乎還沒有明確的答案。理論上，不論是1億°C還是1兆°C都有可能成立。不過宇宙史上的最高溫度，據說不過是「大爆炸」時的10的32次方°C。

◎ 百葉箱與溫度計

各位是否還記得以前讀小學的時候，放置在學校的「百葉箱」呢？百葉箱的外型看起來像是一個放大版的白色巢箱，外側為了反射日光而漆成白色，另外，為了通風也裝了百葉窗[*3]。

1874年從英國引進到日本的百葉箱，起初被當作保護溫度計等觀測儀器免於日曬、風吹雨打的設備。

不過，日本的氣象廳在1993年不再將百葉箱用於觀測，而是用加裝了強制通風筒的「白金電阻溫度計」取而代之，並沿用至今。

白金的性質是不易腐蝕，而且本身的電阻值會隨著溫度改變。這個電阻溫度計也充分利用了這個特點。

1-23　百葉箱

---

*3　百葉窗可以阻擋雨水和直射日光，是確保氣溫的觀測能夠在不受干擾的情況下進行的重要利器。也有防止來自地面的反射與雨滴濺入的功能。在設置上也充滿巧思，除了周圍會種植草皮，拉門也會朝向北方開，以免被日光直接照射。

10 為什麼「大氣的狀態會變得不穩定」？

> 天氣預報有時會呼籲民眾「目前大氣呈現不穩定的狀態。請慎防劇烈降雨、雷擊、強風」吧？話說回來,大氣為什麼會變得不穩定呢?

◎ 穩定與不穩定

說到「穩定」一詞,一般的用法不外乎「工作很穩定」「成績一直很穩定」「情緒很穩定」。換句話說,所謂的「穩定」,意思就是狀況不容易起變化、不會有變動。相反地,如果換成「不穩定」,代表狀況可能隨時有變。

如果以達摩不倒翁為例,我相信各位更容易理解。如果把達摩不倒翁正放,雖然它會搖晃一下,但很快就會恢復原來的位置,不會倒下,這就是「穩定」。但是,如果把它倒過來放,一定馬上搖搖晃晃,而且停不下來,這就是「不穩定」。

同樣的道理也適用於大氣。當大氣像正著放的達摩不倒翁時,就很難上下移動,保持「穩定」。就算有雲形成,大氣一樣不動如山,不太會上下移動,所以形成的都是以水平方向橫向發展的一整片雲層。產生的降水所涵蓋的範圍較大,雨勢不大且平均分布。

相對地,當大氣像倒放的達摩不倒翁時,**「不斷的上下移動」就是所謂的「不穩定」**。這時會形成垂直發展的雲塊,降雨激烈,範圍相對較小。因此天氣會突然變得很不穩定,出現驟雨和雷雨的機率也

會提高。

1-24 穩定的達摩不倒翁、不穩定的達摩不倒翁

| 大氣的狀態保持穩定 | | 暖（輕）
冷（重） |

| 大氣的狀態不穩定 | | 冷（重）
暖（輕） |

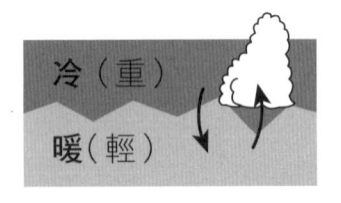

◎變得「不穩定」的原理

那麼具體而言，大氣在什麼時候會保持穩定，什麼時候會變得不穩定呢？

為了讓達摩不倒翁保持穩定，關鍵在於必須調整重量。無獨有偶的是，空氣的重點也在於「重量」。

第1章 學習「天氣的基本概念」

　　空氣的性質之一是**暖時變輕，冷時變重**。因此，當地表有冷（重）空氣，上空有暖（輕）空氣時，就不會移動，保持穩定。相反地，當上空有冷（重）空氣，地上有暖（輕）空氣時，氣流就會變得不穩定。

1-25　空氣暖時變輕，冷時變重

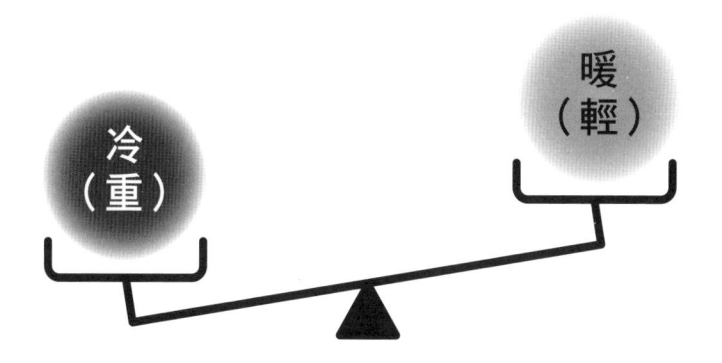

　　總而言之，**當大氣的狀態處於不穩定時，基本上只有兩個可能。一是上空有強烈的冷空氣進入，二是有強烈的暖空氣進入地表。**

　　舉例而言，夏季午後之所以經常出現雷雨，原因在於強烈的日照導致地表的溫度升高，而且上空容易流入冷空氣。

　　順帶一提，表示「大氣的狀況有多麼不穩定」的指標，主要以SSI（蕭氏指數）評估空氣塊的穩定度。SSI若為正表示穩定，若為負就是不穩定[1]。

---

[1] 具體而言，SSI若低於3，表示有可能出現驟雨。低於0表示有打雷的可能。如果低於-3，據說有可能發生劇烈的雷擊。另有報告指出，如果低於-6，就符合龍捲風的生成條件。

045

Column

專欄

1 為什麼天氣惡劣時會出現身體不適的症狀?

天氣惡劣時，為頭痛和關節痛所苦的人我想一定不在少數。一般認為這些疼痛的發作與氣壓有關，因為我們的身體對氣壓的變化很敏感。

比起氣壓上升，當氣壓下降時，更容易引發身體的各種不適。一般認為的原因是「氣壓下降=來自外界的擠壓力變小」。因為當來自外界的擠壓力量變弱時，血管就會膨脹，類似於「發炎」的狀態。

所謂的發炎，就是身體為了對抗細菌和病毒，完成使血管膨脹，召來白血球[*1]集結的布局。具體而言，就是會出現「腫脹感」的狀態[*2]。

另外，劇烈的偏頭痛也是因頭部的血管膨脹，導致神經受到壓迫所引起。

而氣壓下降，會使身體面臨類似的狀況。

[*1] 白血球的作用是負責消滅入侵體內的異物（細菌和病毒等）、被感染的細胞、癌細胞等。種類繁多，主要可分為嗜中性球、巨噬細胞、樹突細胞、自然殺手細胞等。

[*2] 集結的白血球會遊走於血管外，移往受感染的組織，與異物戰鬥。戰死的白血球會化為「膿」。舉例而言，感冒時之所以覺得很難受，是因為身體為了排除異物而陷入「發炎狀態」。

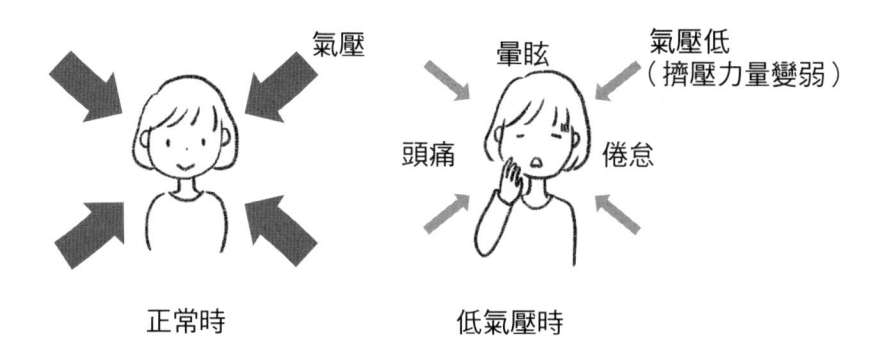

氣壓　　　　　　暈眩　　氣壓低
　　　　　　　　　　　　（擠壓力量變弱）
　　　　　　　頭痛　　　倦怠

正常時　　　　　　低氣壓時

　　血管的膨脹、收縮也和氣溫脫不了關係。天氣炎熱時，身體為了散熱而使血管膨脹。這也是為什麼只要進入溫暖的房間，臉就會發紅。

　　相反地，如果天氣變冷，血管就會收縮以免身體的熱流失。一到冬天，昏倒在廁所、浴室的人之所以增加，是因為血管急速收縮導致血管阻塞（心肌梗塞、腦中風）、血管破裂（腦出血、蜘蛛膜下腔出血）的發生率提高。

　　上述情形都稱為「熱休克」，而為了防止熱休克發生，最重要的就是加強保暖，例如加裝洗澡前後使用的浴室專用暖氣機。

第2章
學習「雲、雨、雪」

11 雲的真面目竟然不是「水蒸氣」？

相信一定有不少人以為，我們只要抬頭就看得到的雲（=水蒸氣）。雲一開始的確是水蒸氣沒錯，但我們的肉眼無法看到水蒸氣。

◎ 肉眼看不見水蒸氣

請問雲是冰、液態的水、水蒸氣的哪一個呢？我想這是當過學生的人都遇過的問題，而且回答是「水蒸氣」的好像最多。事實上，**我們的肉眼看不到水蒸氣**[*1]。照理說看不到的東西，我們卻看得一清二楚，由此可以證明雲不是水蒸氣。

至於雲的真面目，正確答案是**浮在上空的水滴和冰粒（冰晶）**。至於會成為水還是冰，取決於雲漂浮之處的氣溫。

請問大家看過濃霧嗎？霧是一種小水滴懸浮在地表附近，造成視線受到阻礙的氣象現象。基本上，各位可以把「雲」視為和霧是同樣的現象，只是發生地點在上空。順帶一提，在極度低溫的情況下，霧會凝結。**這種「固體霧」就是鑽石塵**（詳情請參照P.75）。

◎ 雲的原理

為了形成雲，如P.12所述，上升氣流是必備條件。地上的空氣藉由上升氣流被推升至上空後，會造成氣壓下降，空氣膨脹。

因為空氣的體積膨脹也會消耗能量，於是氣溫跟著下降。

[*1] 水蒸氣是變成氣態的水（成為固體的是冰），肉眼無法看見。空氣中能夠含有多少水蒸氣，取決於氣溫；氣溫愈高，空氣中含有的水蒸氣愈多。

氣溫一下降，空氣中能夠容納的水蒸氣的量（飽和水蒸氣量[*2]）就會變少，所以空氣中的水蒸氣就會變成水滴或冰晶排出。

　這就是我們看到的「雲」。

2-1　我們看到的「雲」是這麼形成的

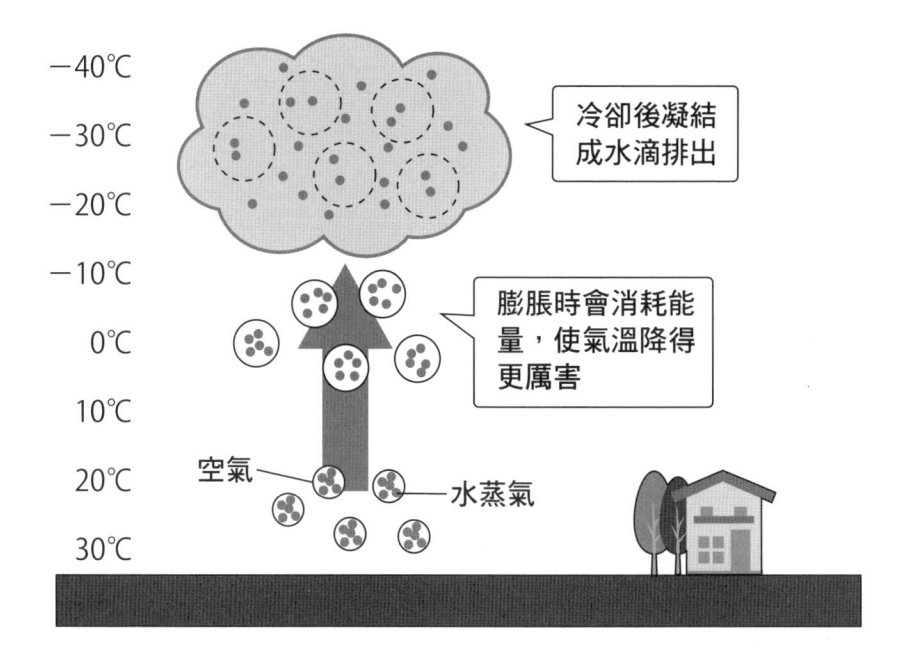

冷卻後凝結成水滴排出

膨脹時會消耗能量，使氣溫降得更厲害

空氣

水蒸氣

[*2]　所謂的飽和水蒸氣量，就是1m³（立方公尺）中最大的水蒸氣含量。20℃時約17g、30℃時約30g。

◎ 碳酸飲料與雲

其實從日常生活中,也能觀察到原理和雲的形成如出一轍的事物,那就是碳酸飲料的寶特瓶。

打開碳酸飲料的蓋子時,除了會聽到「噗咻」一聲,還會看到瓶口冒出白煙。

這時,寶特瓶內的空氣體積一下子膨脹起來。所以氣溫下降,肉眼看不到的水蒸氣也變成水滴了,這就是為什麼會出現類似白煙之物的原因。

想到打開碳酸飲料的蓋子時,就像產生「雲」一樣,實在讓人覺得不可思議對吧。

12 雲的大小和形狀是如何決定的呢？

> 雲的種類千變萬化，數也數不盡。有像棉花糖的雲，也有像以畫筆隨意揮灑出來的雲；有白雲，也有黑雲，絕對找不到兩朵一模一樣的雲。

◎ 上升氣流與雲的種類

前面已提過上升氣流是雲形成的必備條件，但是雲的形狀為何會如此多變呢？

形狀的變化取決於上升氣流的強度、高度等差異。

如果產生垂直上升的強烈氣流，就會形成塔狀的積雨雲；如果像搭電梯一樣，以平緩的角度上升，就會形成薄薄的雲層。

2-2 風與雲

各種上升氣流與各種型態的雲

如果地表附近的高溫潮溼的空氣被推升到上空，會排出大量的水分，所以會形成有厚度的雲。

如果位於上空7000公尺的空氣被推升到1萬公尺會發生什麼事呢？這時，上空7000公尺的空氣已經處於極低溫的狀態，水蒸氣量不多，所以排出的水分少，只能形成薄薄的雲層。

◎ 十大雲屬

不論是心理測驗或占卜，都會把結果分為各種類型。雲也一樣。雖然雲的樣貌千變萬化，基本上共分為10種，稱為十大雲屬。除了這基本的10種，另外再加上幾種變種和亞種[1]。

2-3　雲的種類

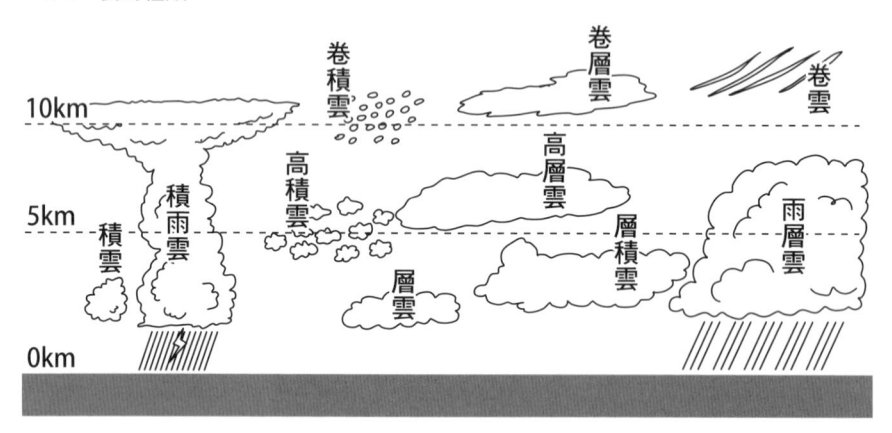

上層雲……卷雲、卷積雲、卷層雲　　下層雲……層雲、層積雲、雨層雲
中層雲……高積雲、高層雲　　　　　對流雲……積雲、積雨雲

---

[1] 我經常被問到的問題之一是「白雲和黑雲有什麼不一樣？」，答案是兩者的「厚度」不一樣。薄薄的雲層會被陽光穿透，所以看起來是白色或亮灰色。相對地，有厚度的雲會完全遮住陽光，所以看起來呈現暗灰色。

13 奇形怪狀的雲是如何形成的呢？

前述已經說明風（氣流）會改變雲的形成方式，也介紹了基本的十大雲屬。不過讓各位留下深刻印象的雲，可能是形狀更為奇特的雲吧。

◎ 不可思議的雲

有時候抬頭仰望天空，我們會看到一些造型奇特的雲。其特殊的程度甚至讓人懷疑「天空是不是在開玩笑？」。

以「**吊雲**」為例，這是一種經常在富士山等孤峰形成的雲。一般認為，當氣流流經山岳時生成的山岳波，或是吹過來的風被山分成兩股後，再度在下風處匯合時形成的上升氣流，是影響吊雲形成的主因。

飛機雲是跟著飛機後面所形成的雲，在日常生活中很常見。這是

2-4 吊雲的形成機制

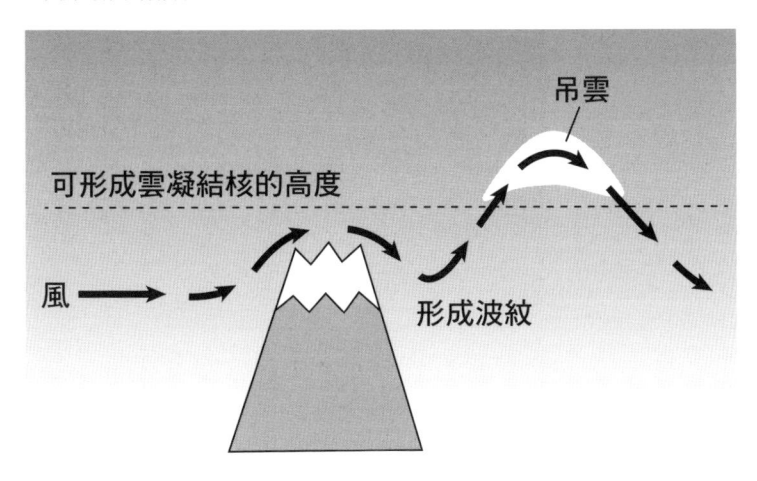

由飛機引擎等排出的高溫廢氣，造成空氣急速膨脹、冷卻所凝結的水滴所形成。另一種情況是飛機排出的微粒子，會成為生成水滴的「核」，助長在最為低溫潮溼之處形成雲。飛機雲的形成是上空潮溼的證據，以觀天望氣[*1]的立場而言，這是天氣即將轉壞的徵兆。

傘雲[*2]是形狀宛如山頂戴著一頂斗笠的雲。成因是風撞到山

2-5　飛機雲

筆者攝影

2-6　傘雲、莢狀雲

莢狀雲　　傘雲

miiko / PIXTA

[*1] 所謂的觀天望氣，就是從氣象、天體的運動、生物的行動變化等，預測天氣的發展趨勢。詳情請參照P.188的說明。

後沿著山上升而形成。

莢狀雲常被誤認為UFO，常出現於颳強風時。在山頂形成的莢狀雲就是傘雲。

另外，還有呈橫條狀的雲、像龍捲風一樣，形成垂直渦度的雲。有些人把這種雲誤認為**地震雲**[*3]。幾條平行的雲並排時，遠看像是交會於一點，不過這並不是什麼不可思議的現象。會繪畫的朋友，一定對「一點透視」的技巧不感到陌生，而前述的現象和這個技巧可說是異曲同工。

有時候積雨雲也會成為其他形狀特殊的雲形成的契機。發展中的積雨雲，如果碰撞到以

2-7 擬地震雲

筆者攝影

2-8 幞狀雲

筆者攝影

---

*2　也稱為「斗笠雲」
*3　所謂的地震雲，意指在大地震前後出現的雲。不過，這是未經科學證實的說法。

潮溼空氣形成的雲層，就會形成宛如積雨雲蒙上頭巾的**幞狀雲**（頭巾雲）。

積雨雲的發展高度並不是沒有上限。它的發展高度也存在著「最多只能長到這裡」的天花板[*4]（對流圈界面）。如果積雨雲發展到高度上限，碰到了「天花板」，就會橫向發展，形成廣而平坦的雲層，這就是所謂的**砧狀雲**。命名的由來源自形狀與以前的鐵匠使用的「鐵砧」相似，而這個名稱也沿用至今。

2-9　砧狀雲

筆者攝影

跟著積雨雲出現的還有外型奇特的**乳房雲**。乳房雲出現的時候，雖然很少下大雨、下大雪，但只要一消失，常常會出現暴風雨和大雪。

雖然在日本出現的機率不高，不過國外有些地方會出現被

2-10　乳房雲

筆者攝影

[*4] 雖然因季節和緯度而異，不過以日本而言，冬季大約是5～6公里，夏季約是16～17公里。

稱為**超級胞**的超巨型積雨雲。簡單來說，這種積雨雲就是會旋轉的雷暴，其破壞威力之大，甚至會讓人懷疑是不是外星人試圖要毀滅地球，相當可怕。

2-11 　超級胞

Tozawa / PIXTA

14　雨是如何形成的呢？

仔細想想，我們眼睛看不到的水蒸氣，會變成雲、化為雨水落下，還真是不可思議的現象呢！到底雲層裡會發生哪些事呢？

◎ 雲粒會增加成100萬倍大再落下

雨在雲中形成。**雲滴之間在雲中不斷互相碰撞結合，最後體積會成長為原來的100萬倍以上**。等到上升氣流再也無法支撐其重量，雲滴就會掉下來，就是雨水。雨有溫度之分，一種是「溫暖的雨」，另一種是「冰冷的雨」。

◎「冷雨」的形成方式

雲的上方氣溫低，凝結了許多冰晶，其中也摻雜了許多即使在冰點以下也不會凍結的水（過冷水）。但這些水與冰晶碰撞後，馬上就會結凍。

如此情況不斷反覆後，冰晶的體積也逐漸變大，大到上升氣流再也無法支撐其重量。最後，冰晶便以「雪的結晶」和「霰（雪珠）」的型態降下。

雪的結晶如果在降下的過程中融化，到了地面就是雨。**在日本降下的雨，幾乎都是「冷雨」**。

---

*1　水蒸氣凝結成小水滴（雲滴）時，作為凝結核心的顆粒稱為「雲凝結核」。

◎「暖雨」的形成方式

另一方面，**溫暖的雨**，是液態的水形成的雲滴，不斷互相碰撞結合後變大，最後化為雨滴降下的雨。它和「冷雨」不一樣，不會出現冰晶。不過，即使雲層中存在著許多雲滴，要增加為100萬倍大還是不太容易。這時，會提供支援的是「氣膠」。

簡單來說，**氣膠**就是懸浮在空氣中的灰塵等粒子。灰塵等氣膠的粒子比雲滴大，氣膠可以扮演「凝結核[*1]」的角色，提升雲滴發展為大顆雨粒的效率。「暖雨」大多分布在熱帶的海洋，夾帶在海浪中的氯化鈉，有時候也會發揮氣膠的作用。

2-12 「冷雨」與「暖雨」

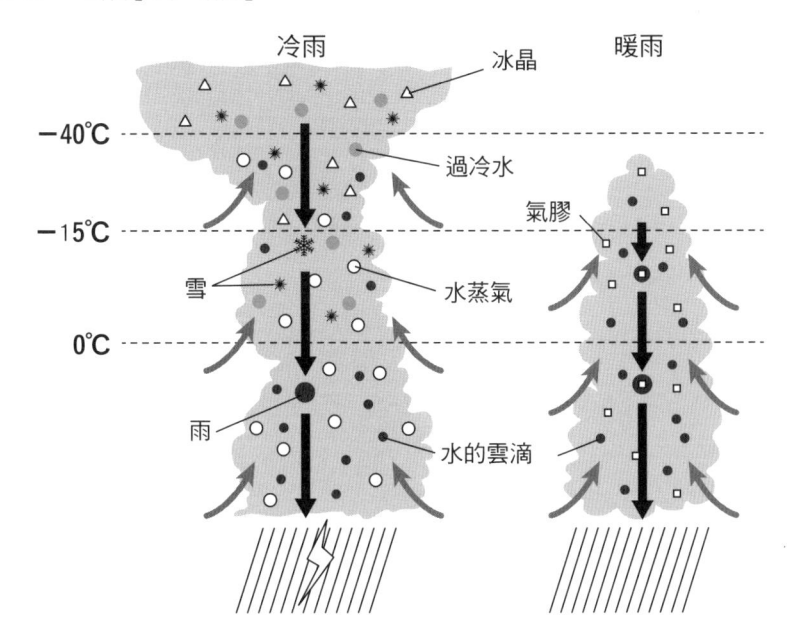

15 「劇烈的雨」的降雨強度是多少？

相信各位收看天氣預報時，都曾聽過類似「須慎防劇烈降雨」的訊息吧。不過，要多強的雨勢才稱得上是「劇烈的雨」呢？

◎ 雨量與雨的強度

降雨強度以毫米（mm）表示。有時候天氣預報會出現類似「到明天為止的降雨量預計達30mm」的內容。不過，一樣是30mm，究竟是下了1整天的全部雨量，還是1小時或10分鐘內下的呢？30mm的多寡，給人的印象依照單位時間的差異而完全不同，這裡指的是時雨量，也就是1小時的雨量。

另外，住在南西群島（從九州西南部延伸到台灣北部的島嶼群）和北海道的人，對降雨強度的感受程度或許和其他地區的人不同，而本書所設定的是以住在東京附近的居民的感受為準。

2-13 降雨的強度與標準

雨量	降雨強度
1小時未達0.2mm	勉強可以不撐傘。
1小時介於0.2mm~2mm	小雨。

1小時2mm~10mm	稍強的雨勢。地面出現大灘積水,即使撐傘,衣服也會被淋溼。
1小時10mm~20mm	強勁的雨勢。雨聲大到連說話的聲音都聽不清楚。
1小時20mm~30mm	傾盆大雨。車子的雨刷已無用武之地。即使撐傘,也被淋到渾身溼透。
1小時30mm~50mm	雨勢大到像用水桶倒水。連河水也可能氾濫。
1小時50mm~80mm	雨勢大到像瀑布傾瀉而下。飛濺的水花讓眼前一片白茫茫,使視線受到嚴重遮蔽。雨聲隆隆作響,非常駭人。
1小時超過80mm	似乎連天空都要掉下來的「猛烈雨勢」。讓人感覺到十足的威脅性與恐懼。

◎ 過去最高紀錄

日本過去最高的時雨量是1999年10月27日在千葉縣佐原市(現為香取市)的153mm(佐原豪雨)。另外,以氣象廳以外的單位觀測到的數據而言,是1982年7月23日在長崎縣長予町公所觀測到的187mm(長崎豪雨)。這個數字是「**劇烈的雨(1小時超過80mm)**」的標準的2倍以上,可說是破天荒的紀錄[1]。

---

[1] 順帶一提,就歷史紀錄(1886年以後)而言,東京只出現過兩次時雨量超過80mm的劇烈暴雨。

16 伴隨雷雨出現的閃電為什麼朝著曲折的方向行進？

說到雷，一般人馬上想到的是閃電與雷鳴。兩者會造成巨響和炫目的閃光，相信害怕的人應該不少。那麼，為什麼會發生閃電與雷鳴呢？

◎ 閃電與雷鳴形成的機制

簡單來說，雷就是地球上規模最大的靜電。那麼，到底是摩擦了什麼才產生靜電的呢？

雷在雷雲（積雨雲）中形成。積雨雲的雲層中含有大量的冰晶。**大大小小的冰晶在雲層中的強烈的上升氣流內互相摩擦碰撞，產生靜電。**

2-14 雷形成的機制

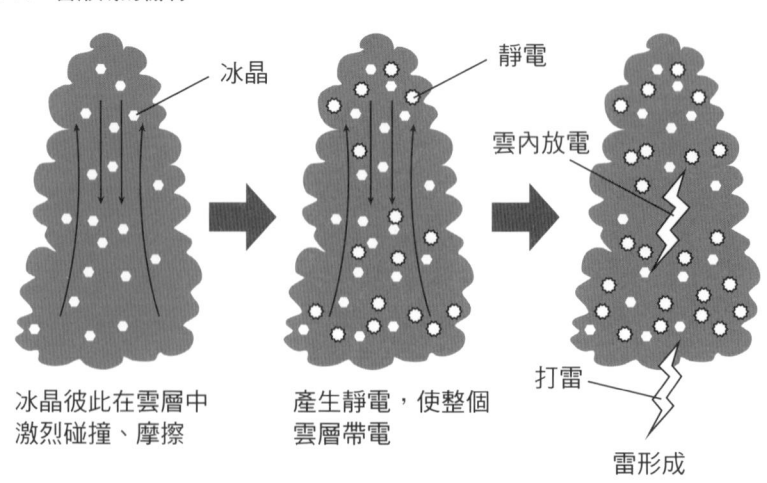

冰晶彼此在雲層中激烈碰撞、摩擦 → 產生靜電，使整個雲層帶電 → 雲內放電／打雷／雷形成

空氣原本是不易導電的物質,但是雲層中的靜電若持續累積,使電壓變大,就會強制把電流釋放在空氣中。**電流在空氣中流動時,是依照電阻最小的路徑前進,所以閃電的形狀才會變得曲曲折折。**

另外,為了強行通過原本絕緣電阻相當高的空氣,這時會產生大量的熱能,使空氣的溫度一下子達到3萬℃。**空氣的溫度一升高就會膨脹,開始激烈震動**。最後產生的就是轟隆作響的雷聲。

一般而言,在雲層中放電的稱為**「雲內閃電」**或**「雲間閃電」**,從雲層朝向大地放電的稱為**「雷擊」**[*1]。

◎ 如何保護自己不遭到雷擊

遭到雷擊有喪命的可能,千萬不可掉以輕心。那麼,遇到打雷時該如何保護自己呢?最好的做法是立刻進入堅固的建築物或車內避難。為了以防萬一,即使人已經在建築物內,最好遠離插座。

如果人不巧在外面,記得遠離高大的樹木,就地蹲下。高度與被雷擊中的機率成正比,如果高大的樹木被雷擊中,有可能會對著周圍再次放電(側擊雷)。不幸的是,因受到側擊雷的波及而造成的死亡事故很多。

另外請記得雙腿併攏,同時搗住耳朵。雙腳如果張開,雷的電流會從右腳進入,通往心臟,再從左腳放掉電流(雙腳如果併攏,遭殃部位只會侷限在腳部)。之所以要搗住耳朵,是為了預防耳膜被雷擊的巨響震破。

[*1] 順帶一提,雖然純粹只是我本人的假設。我認為閃電的「顏色」呈現出積雨雲的特質。雖然都說是積雨雲,但種類各不相同,有些會帶來豪雨,有些會造成雷聲轟隆作響,也有帶來強風或龍捲風,甚至還有會帶來冰雹的種類等。各地皆有流傳雷電的顏色會依雲層內部的溫度與物質分布改變的說法。

◎ 日本打雷天數最多的地方在哪裡？

那麼，日本最常打雷的城市是哪一個呢？

答案就是位於日本海沿岸的金澤市。金澤市一年打雷的天數達42天，不但遙遙領先第二名的亞熱帶城市沖繩，也是東京的3.2倍，相當驚人[2]。

2-15 打雷天數分布情況

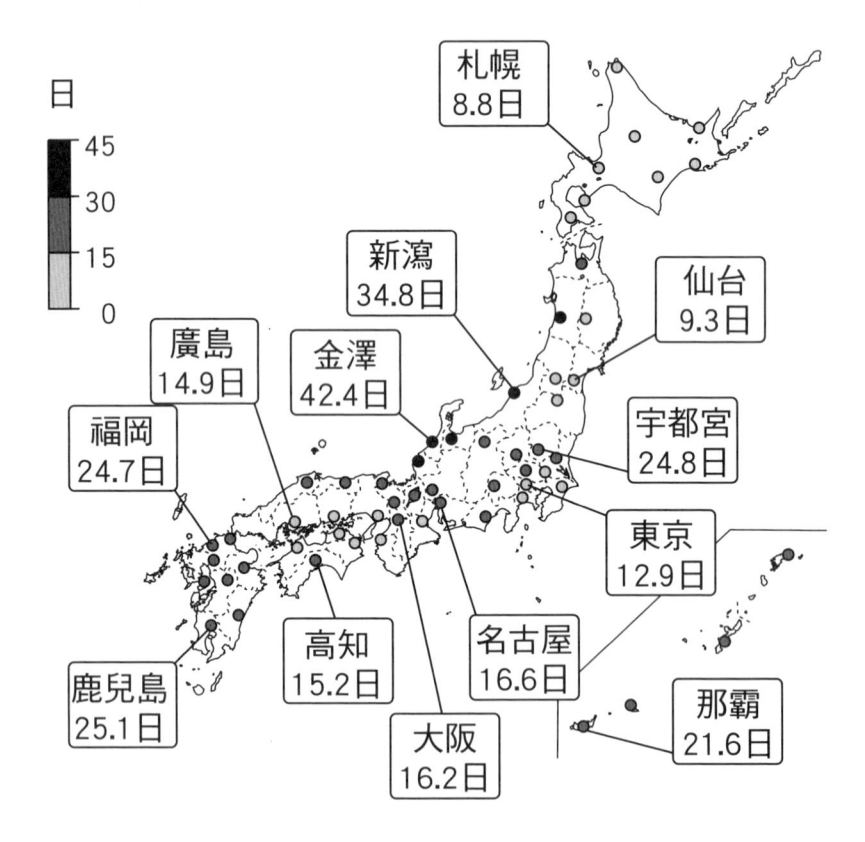

札幌 8.8日
新潟 34.8日
仙台 9.3日
廣島 14.9日
金澤 42.4日
宇都宮 24.8日
福岡 24.7日
東京 12.9日
鹿兒島 25.1日
高知 15.2日
名古屋 16.6日
那霸 21.6日
大阪 16.2日

年度雷擊天數的30年間平均值（1981~2010年）
出處：氣象廳官網

[2] 金澤的天氣多變，所以當地也流傳著「即使忘了帶便當也別忘了帶傘」的俗諺。

066

17 彩虹是怎麼形成的？

有時會在午後雷陣雨過後出現的彩虹，只要一現身，總是吸引不少人駐足欣賞。彩虹是從陽光分解的色光，至於顏色的種類則因文化圈而異。

◎ 彩虹其實不只7個顏色嗎？

日本對彩虹的認知是共有紅、橙、黃、綠、藍、靛、紫7個顏色。嚴格來說，要明顯區分出7個顏色有困難。因此，說到彩虹到底有幾個顏色，每個文化圈的認定都不太一樣。例如美國認為有6色，而德國認為有5個顏色。

彩虹普遍被視為幸福與和平的象徵，而且許多人相信「只要看到彩虹就有好運降臨」。另外，彩虹也成為多元性的象徵，例如LGBT（女同性戀者、男同性戀者、雙性戀者、跨性別者）便是以彩虹旗[1]當作象徵性別少數群體的旗幟。

撇開彩虹的絢麗色彩不談，到底彩虹是如何形成的呢？

◎ 色彩的形成原理

簡單來說，我們看到的彩虹，就是被分解成各種顏色的太陽光。

肉眼看到的太陽光是白色。只要知道常用於顏料和油漆的「減法混色」的人都知道，疊加的顏色愈多，色彩的明度就會下降得愈厲害，變得很接近黑色，不過光的疊加剛好相反，是「加法混色」，疊

---

[1] 這個旗幟有6個顏色，所以也稱為「六色彩虹旗」。

加的色彩愈多，亮度增加得愈多，最終會接近白色。換言之，**太陽光之所以看起來是白色，是各種顏色混合後的結果。**

當白色的太陽光，與空氣中的水滴碰撞時會產生什麼變化呢？**當光穿過水滴時會產生折射、反射時，水滴會發揮稜鏡的作用，把光分解成7個單色光。**

2-16 彩虹形成的原理

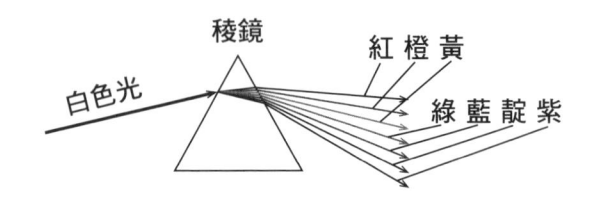

包含各種波長的白色光，穿過玻璃製的稜鏡時，會產生折射把白色光分解成各種顏色。

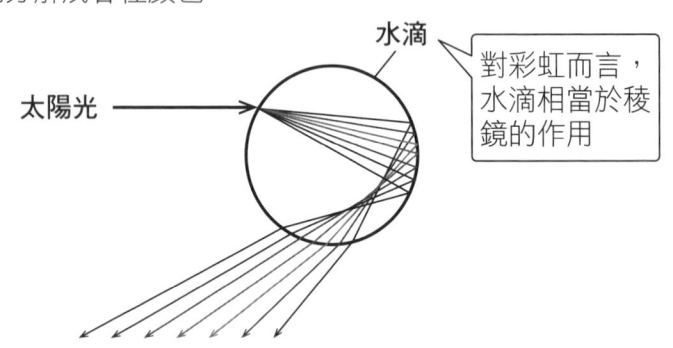

對彩虹而言，水滴相當於稜鏡的作用

◎ 彩虹形成的條件

簡單來說，為了形成彩虹，**前提條件是太陽光會碰到懸浮在空氣**

第 2 章　學習「雲、雨、雪」

中的水滴。

看得到彩虹的時機有兩個，一個是「雨後放晴」的日子，另一個是「晴天之後下雨」的日子。「雨後放晴」的情況是夕陽朝著往東去的雨雲落下，而「晴天之後下雨」的情況是，朝陽從天空的東邊朝著從西方不斷靠近的雨雲升起。

我們也可以製造人工彩虹。只要背對著太陽拿著水管灑水，或者拿著噴霧器噴水，應該都能順利製造出彩虹。

彩虹的類型很多，除了一般最常見的七色彩虹，還有圓形虹、副虹（霓）、暈、幻日、環天頂弧、外側弧、霧虹、赤虹等。

2-17　各種類型的虹

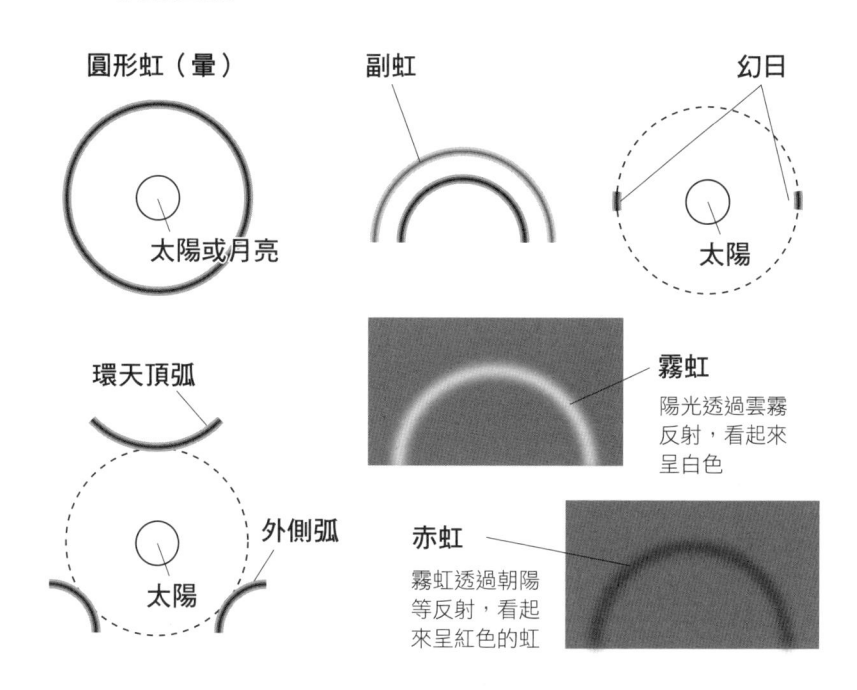

圓形虹（暈）　太陽或月亮

副虹

幻日　太陽

環天頂弧

外側弧　太陽

霧虹
陽光透過雲霧反射，看起來呈白色

赤虹
霧虹透過朝陽等反射，看起來呈紅色的虹

069

18 即使氣溫高達10℃左右,還是有可能下雪嗎?

絕大多數的人應該都以為只有氣溫接近0℃的爆冷日子才會下雪吧?不過,即使氣溫「高達」10℃左右,也不是沒有下雪的可能喔。因為會不會下雪,和溼度也有關係。

◎ 降雪預報的難度高

如P.60所述,日本的降雨幾乎都是「冷雨」。也就是原本居於雲層上端的雪,氣溫隨著高度下降而上升,最後融化為雨水。另外,混合了雨和雪的降雨稱為「雨夾雪」。

那麼,雲層上端的雪究竟在何種情況下,才會直接以雪的型態降

2-18 雨與雪的差異

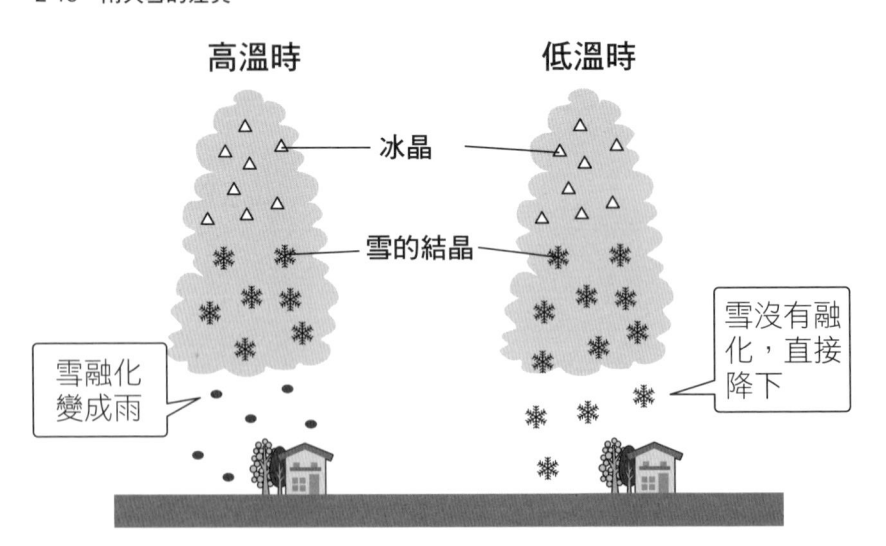

高溫時　　　　　低溫時

冰晶

雪的結晶

雪融化變成雨

雪沒有融化,直接降下

下呢？首先，如果從雲層上端一路到地表，氣溫都維持在冰點以下，那麼雪一定不會融化，而是直接降落地面。問題在於中途會出現變數。雪有可能在半途中碰撞到氣溫高於冰點的空氣層。如果空氣層很薄，或者頂多只有1、2℃，那麼雪就有可能不會融化。

話雖如此，但是要準確預測到底會不會降雪很難是不爭的事實。原因在於必須把風速和溼度等因素也納入考量。**尤其是當溼度變低，雪的結晶降下時，會逐漸蒸發帶走汽化熱，所以即使溫度高於冰點，雪也不會輕易融化。**

這就是當「下雨或下雪」的機率處於五五波時，預報無法做出精準結論，只能粗略預測「下雨或下雪」「下雪或下雨」的原由了。

◎ 降雪的條件

一般而言，只要地面溫度低於3℃就有可能下雪，**不過只要溼度低，即使氣溫只有10℃左右也有降雪的可能**，千萬不可掉以輕心。

另外，上空約1500公尺（850百帕）的氣溫也經常成為預報的依據資料[*1]。如果是冬季型氣壓分布，大概零下6度會降雪，但如果是南岸低氣壓，即使只有0℃也有降雪的可能。

2-19 雨雪判別表（氣象廳）

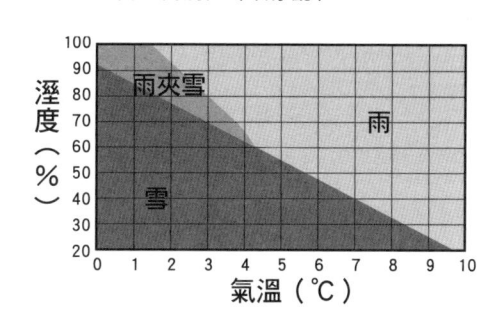

---

*1 地表的氣溫預測，必須綜合與物體之間的摩擦等諸多因素進行推估，所以難度很高。因此高空天氣圖只會參考最低層的氣壓（850百帕、上空約1500m）用於預估地表溫度。

19 為什麼雪的結晶是六角形？

相信有看過雪的結晶的人，應該都曾想過「到底是如何形成這種形狀的呢？」。

◎ 雪的形狀為什麼會是六角形？

水（H_2O）雖然在日常生活中隨處可見，但卻又是非常不可思議的物質。因為當水在空氣中結凍後，一開始會成為六角形的結晶。既不是五角形，也不是七角形[1]。

2-20 形成雪的結晶的條件

①大量的水蒸氣
②冰點以下的氣溫
③凝結核

溫度 −4℃～−10℃

溫度 0℃～−4℃

結晶的形狀依形成條件的差異而有不同

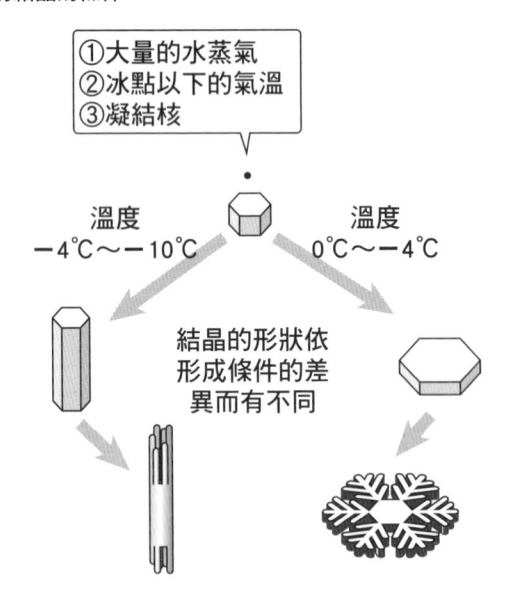

[1] 這點和水分子的形狀，也就是由氧原子與氫原子的「氫氧結合」的力量等各種因素有關。

如同前述，雲層上部的氣溫低，會形成「冰晶」，而這裡的冰晶也同樣是六角形。空氣中的水蒸氣會逐漸在這六角形的頂點凝結。比起平面，水蒸氣更容易在邊角和邊緣凝結，所以雪結晶的晶體平坦，向周圍擴散成長。等到長成較大的雪花，就會降落地面。

2-21 雪結晶的形成方式

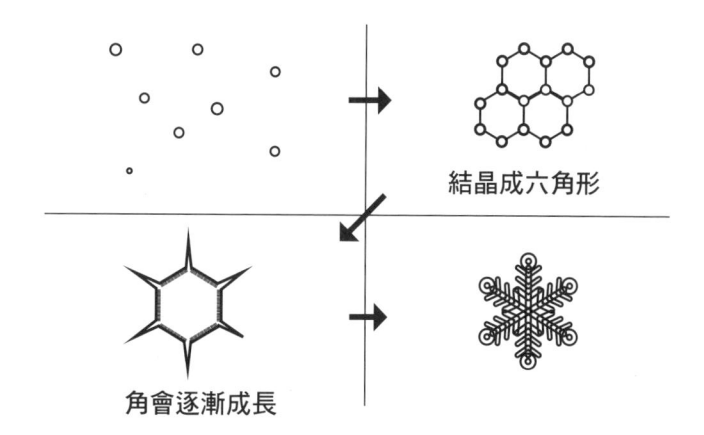

結晶成六角形

角會逐漸成長

◎ 各式各樣的結晶

雪花的樣貌多變，雪的結晶種類多到數不清。基本上，每一片雪花都是獨一無二的存在。

雪結晶的種類大略可分為針狀、角錐狀、扇狀、角板狀、樹枝狀等好幾十種[2]。因為結晶的形狀基本上取決於上空的氣溫與水蒸氣量，中谷宇吉郎也留下了「雪是來自上天的信」這句話[3]。

---

[2] 青森縣出身的太宰治在《津輕》一書中曾提到雪有7種，包括粉雪、粒雪、綿雪、水雪、固雪、粗雪、冰雪。
[3] 中谷宇吉郎（1900~1962年）是物理學者兼散文家。全球首次成功製造出人造雪之人。

說得粗略一點，氣溫低時下的是**粉雪**[*4]，而氣溫相對比較高時，下的是鵝毛大雪，日文稱為**牡丹雪**。

牡丹雪是雪結晶開始融化時，彼此碰撞，最後結合成大粒的結晶降下的雪。含有大量水分，所以很重，如果降落在電線等物品，有可能會造成損害。東京等地的降雪大多是牡丹雪，雪勢較大時，積雪有可能超過10cm。

2-22　結晶的形狀

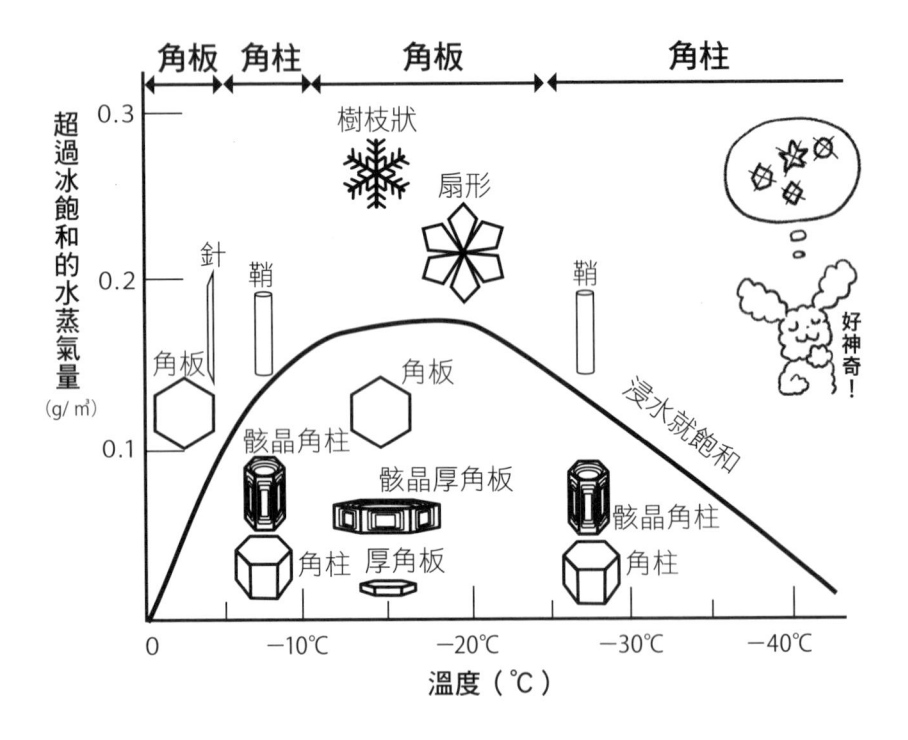

```
         角板   角柱      角板           角柱
  0.3
         樹枝狀
超
過
冰      針    鞘              鞘
飽 0.2
和
的                               浸
水      角板          角板          水
蒸                                就
氣                                飽
量 0.1        骸晶角柱              和
(g/㎥)              骸晶厚角板    骸晶角柱
                角柱   厚角板      角柱
   0
    0      -10℃    -20℃    -30℃    -40℃
                  溫度（℃）
```

扇形

好神奇！

---

*4　粉雪的質地又輕又細，降落於氣溫低時。容易被風吹散，有時會引起積雪被向上吹起的「地吹雪(暴風雪)」。

20 除了雨、雪、冰雹，天空還會降下什麼「麻煩的東西」？

說到從天而降之物，大家想到的不是雨就是雪，還有頂多一年下1～2次的冰雹。不過，除了這些，天空還會降下其他東西喔。

◎ 鑽石塵

從天而降的水（H_2O），不是只有雨、雪、冰雹。其實還會降下以各種型態出現之物。

第一就是常見於寒冷地區，舉世公認的絕美的天氣現象—**鑽石塵**。

正如其名，鑽石塵是一種飛舞於空氣中的微小冰晶，在陽光照射下閃著金色和七彩光芒，看起來非常美麗的天氣現象。形成條件包括晴天且氣溫低於-10°C時，而且處於無風且溼度高的狀態，只要缺少上述條件的任一項就不會出現。鑽石塵是譯名，在日文中稱為「細冰」，以北海道而言，在位居內陸的名寄市和旭川市等地都是比較容易目擊的地區。

◎ 霰、冰雹

另外還有**霰（軟雹）**。霰是直徑不到5mm的微小冰粒。超過5mm

的稱為**冰雹**。霰是過冷水（即使低於冰點也不結凍的水）凝固在雲層中的冰晶上所形成。

霰還分為「雪霰」和「冰霰」。雪霰的顏色潔白，質地柔軟，經常出現於雨變成雪，或雪融成雨時。冰霰是無色透明，質地堅硬，降下的時機沒有季節之分。

◎ 凍雨

與冰霰類似的還有**凍雨**。凍雨是原本在上空融化成雨的水，再次凍結成冰所降下的天氣現象。通常發生於上空有溫暖的氣層，而且地表附近聚集了寒冷空氣的時候。當我們感覺「明明冷得要命，怎麼一直不下雪」的時候，如果仔細觀察，說不定就會發現凍雨的蹤跡。

2-23　凍雨

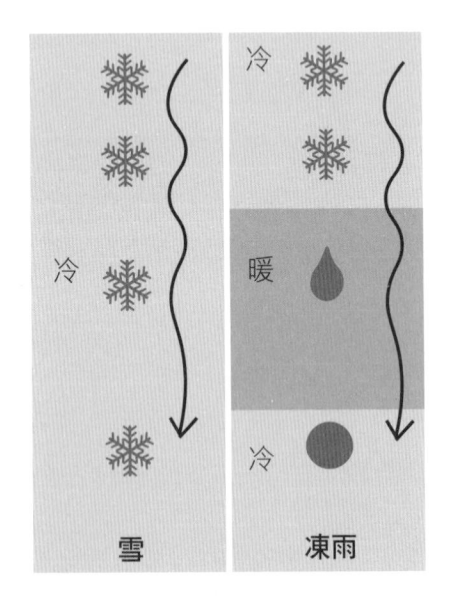

◎ 過冷雨滴

另外更麻煩的是**過冷雨滴**。所謂的過冷雨滴，就是過冷的水以雨水的型態降落。過冷水只要受到刺激，很容易再次結冰，所以當過冷水碰撞地面的瞬間，就會立刻結凍。如此一來，路面馬上變成「天然溜冰場」，非常容易滑到，很可能會釀成意外。不只是地面，過冷水如果降落在物體上，也會立刻結凍。不論是電線還是集電弓，通通無法倖免，所以對我們的日常生活而言，是很棘手的存在。

2003年1月3日，南關東出現大範圍的「過冷雨滴」，造成嚴重災情。處理過程的棘手程度，甚至會讓人感覺「寧可下大雪算了」。

2-24　因過冷雨滴降落而凍結的樹枝

rik/PIXTA

Column

專欄

2　方便的天氣APP

　　隨著智慧型手機的普及，各種天氣APP也不斷推陳出新。以下為各位介紹幾個比較別出心裁的APP。各位不妨一一嘗試，或許就能找到優質好用的應用軟體。

Go雨！偵測器-x波段MP雷達[*1]

　　把降雨預報顯示於上空的APP，讓人耳目一新。由日本氣象協會提供。

　　只要朝上拿著手機等行動裝置，就會出現雨量分布的格狀圖，哪些雲是雨雲，又可能降下多少的雨量都一目瞭然。例如：

　　「那塊濃厚龐大的積雨雲，居然可能帶來50mm的降雨量呢！」所以這個APP在做報告的時候也派得上用場。當然，當作一般的氣象監測雷達也相當實用。

[*1] 所謂的x波段MP雷達是國土交通省為了預防局部性豪雨釀成災害所開發的最新型的氣象雷達。和一般的氣象雷達相比，能夠更快也更詳盡地觀測到降水狀況，而設備的導入，也持續從大都市擴及到全國各地。

tenki.jp

同樣是日本氣象協會提供的天氣APP。具備下列7大重點功能，提供的資訊量也相當豐富，使用起來非常方便。

1. 提供每個市町村（基礎自治體）每小時的天氣預報
2. 提供比一週天氣預報更長的「10天天氣預報」
3. 提供現在的氣溫、溼度、風向‧風速、降水量
4. 每天數次更新由氣象預報員解說的天氣預報
5. 通知天氣與雨雲接近的功能
6. 警報和地震、颱風消息等防災資訊
7. 中暑、PM2.5、花粉高峰期資訊、洗衣對策、服裝、星空指數（是否適合觀測天象的指標）

透明溫度計

這個APP的概念是「藉由影像，替『超級熱的日子』和『超級冷的日子』留下紀錄吧，而且別忘了與朋友分享這個資訊」。也可以用於確認溫度與溼度。若搭配智慧型手機的相機功能使用，可以一併記錄拍照當天的天氣和氣溫（編輯合成影像）。這項功能很適合想要向朋友炫耀自己所在縣市有多熱、想要讓親朋好友知道現在溫度、想要同時記錄氣溫與照片的人。

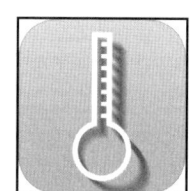

Amemil

和首先介紹的「Go雨！偵測器」類似，最大特色是以AR（擴增實境）與AI（人工智能）表示即時降雨資訊。當強烈的雨雲接近時，AI會傳送通知，使用者可透過鏡頭確認即時影像。3D模式功能可把周圍10平方公里的降雨與強風特報合成為雨雲、雨、風的動畫。只要對著雨雲的方向，就能讀取雨量。簡單來說，這是一款能夠以影像確認雨的聲音與雨勢的高科技APP。

Yahoo！天氣

在日本可說沒有人不知道的Yahoo！天氣推出的APP。賣點在於下列9大功能。尤其是傳送雨雲接近的通知功能，可造福許多身在戶外的人。同時支援市町村的定點預報，最多可登錄5個地點。

1　一目瞭然的版面設計
2　透過雷達回波圖，可掌握每5分鐘雨雲的動態
3　傳送雨雲接近的通知
4　通知颱風生成、接近、消失
5　配備可預測雷擊發生的雷達
6　種類繁多的控制項
7　可詳細掌握每小時的天氣預報
8　可掌握即時戶外氣溫的溫度計功能
9　可登錄設施名稱的定點式檢索功能

第3章
學習「四季與天氣現象」

21 何謂決定日本四季的高氣壓？

說到日本的特色，季節分明、四時風光變化萬千也是其中之一。而負責妝點四季的，就是位於日本周邊的4個氣團。以下為各位一一介紹這4個氣團的特徵。

◎ 妝點日本四季的4大氣團

沒有海洋或大陸之分，當廣大範圍內的一大片空氣具備一致的溫度和溼度時，這種狀態就是所謂的**氣團**。有些氣團具備「巨大高氣壓」的性質。

下列4個氣團（高氣壓）幾乎每年都會出現在日本周邊，使日本的四季展現出各自不同的風貌。每個季節的氣象可說是取決於哪個氣壓的發達，以及受到哪個氣壓的控制。

- **西伯利亞氣團**（西伯利亞高氣壓）
- **揚子江**（長江）**氣團**（揚子江〔長江〕高氣壓）
- **小笠原氣團**（小笠原高氣壓、太平洋高氣壓）
- **鄂霍次克海氣團**（鄂霍次克海高氣壓）

---

*1 所謂的下層溼潤，意思是是在大氣下方（一般指的是1500m以下）的水蒸氣含有量增加。

3-1 日本附近的氣團

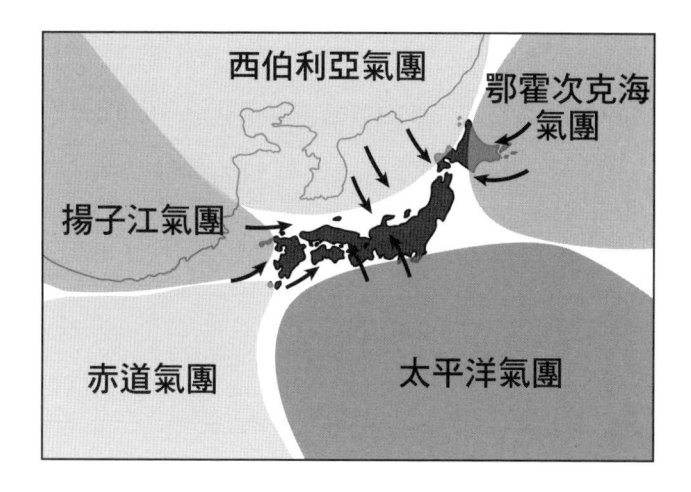

◎ 冬：西伯利亞高氣壓

冬季發達的是西伯利亞高氣壓。西伯利亞高氣壓雖然是低溫、乾燥的高氣壓，但從西伯利亞伸向日本時，會獲得大量的熱與水蒸氣，所以下層會暫時變得溼潤[*1]。因此，太平洋沿岸會出現乾燥的晴天，但日本海沿岸卻會降下豪雪。

3-2 冬季的氣壓配置與西伯利亞高氣壓

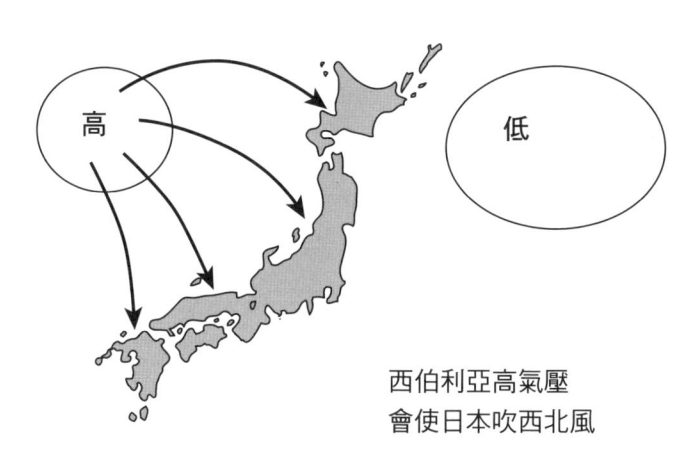

西伯利亞高氣壓
會使日本吹西北風

3-3 帶來豪雪的西伯利亞高氣壓

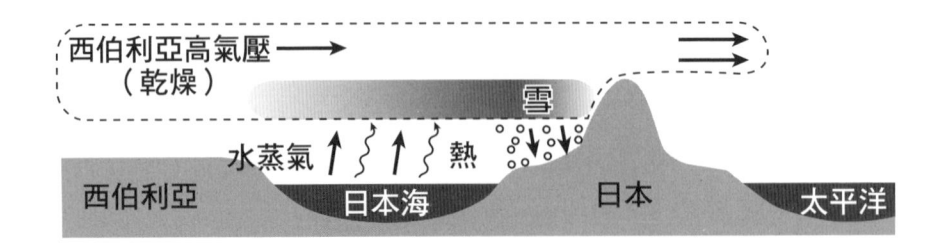

◎ 春：揚子江（長江）高氣壓

西伯利亞高氣壓的威力到了春天會減弱，取而代之的是在中國大陸南方發展的揚子江（長江）高氣壓[*2]。長江中下游有時候會產生分裂高壓，到了日本就成為**移動性高氣壓**，帶來晴朗的好天氣。

3-4 春天的移動性高氣壓

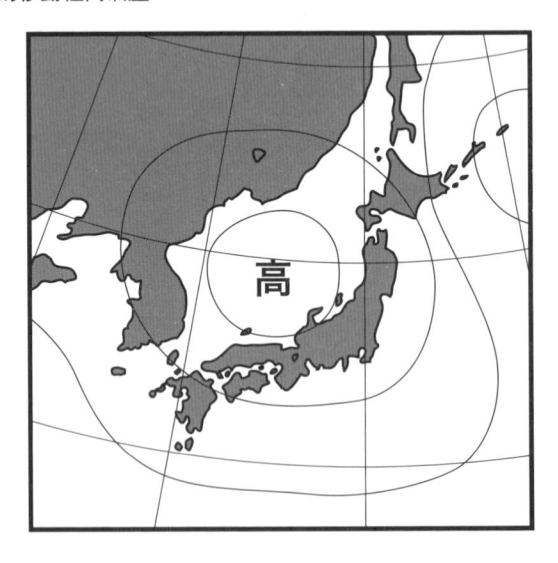

[*2] 揚子江（長江）是全長約6300公里、中國境內最長的河川。發源於青藏高原東北部，在上海匯入東海。名稱源自於它是位於揚子江（長江）流域的氣團（高氣壓）。

◎ 夏：小笠原（太平洋）高氣壓／鄂霍次克海高氣壓

隨著季節的更迭，接著是小笠原（太平洋）高氣壓在南海上、鄂霍次克海高氣壓在鄂霍次克海上發展。

小笠原（太平洋）高氣壓的性質是高溫溼潤，而鄂霍次克海高氣壓則是低溫溼潤的高氣壓。這兩個高氣壓剛好在日本附近相會，帶來陰雨綿綿的天氣，就是大家耳熟能詳的「梅雨」。

進入7月後，小笠原（太平洋）高氣壓終於變得更加發達，迫使鄂霍次克海高氣壓往北移動，這時就是「梅雨季結束」。

不久之後，日本附近的上空已經完全被小笠原（太平洋）高氣壓籠罩，造成天氣持續炎熱、潮溼，進入典型的盛夏季節。

3-5　因兩個高氣壓角力而產生的「梅雨」

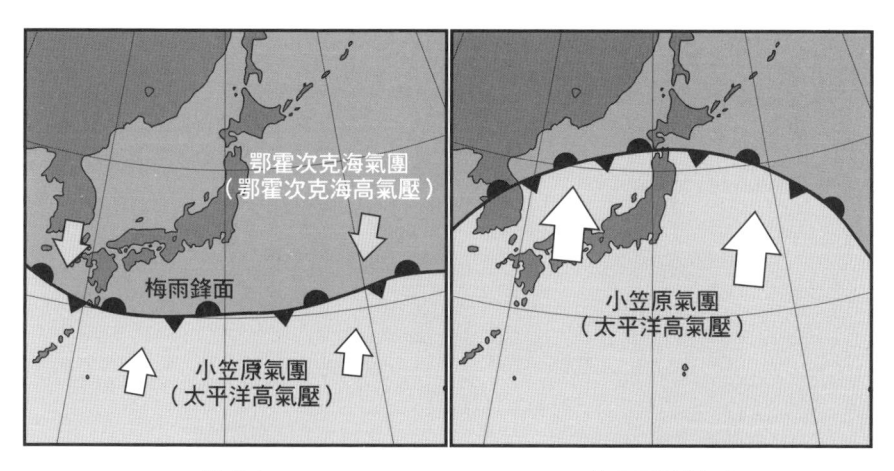

22 為什麼「春一番」就是春天降臨的信號呢?

> 春一番指的是每年第一次吹起的強烈南風。當天的氣溫上升，讓人感覺到春天的到來。不過，春一番的起因究竟是什麼呢？

◎ 什麼是「春一番」？

從立春[*1]到春分[*2]為止，第一次吹起的強烈南風被稱為**春一番**。每個地區對春一番的定義不盡相同，以下是關東地方的定義。

- 日本海出現低氣壓，如果低氣壓很發達就更理想。
- 強烈的南風吹向關東地方會使氣溫上升。具體而言，東京的最大風速要超過風力5（風速8.0 m/s），風向是西南西～南～東南東，而且氣溫高於前一天。不過，即使某些內陸地區沒有吹起強風也無損於這個定義。

如同前述，風從高氣壓往低氣壓吹。**如果日本海形成低氣壓，風就會吹往低氣壓的所在，使廣大的區域都吹起南風。**

[*1] 立春是二十四節氣之首，也意味著大地回春。大約是2月4日前後。冬至與春分的中間，從這天開始一直到立夏（5月5日左右）的前一天被當作「春季」。
[*2] 春分是二十四節氣的第4個，白天和夜晚的時間長度幾乎相等。3月20日前後。

3-6 春一番

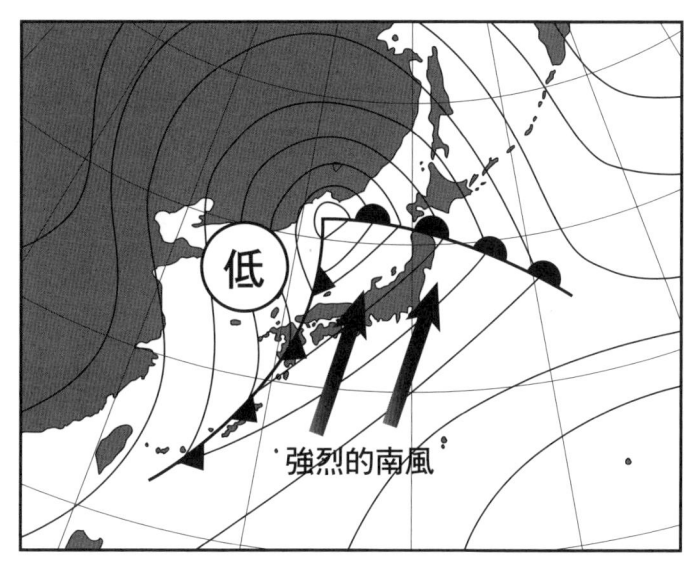

來自南方的暖氣團朝著日本海的低氣壓吹入強烈南風。證明北邊的冷空氣已經減弱

◎ 冷空氣減弱的信號

那麼，為什麼當日本海出現低氣壓，就是「春到人間」的信號呢？

一般而言，低氣壓（溫帶氣旋）就是北邊的冷氣團與南邊的暖氣團碰撞後的產物。日本一帶在嚴冬期間完全籠罩於冷氣團之下，所以與南邊的暖氣團發生碰撞的是距離日本相當遙遠的南邊。因此，形成低氣壓的地方也在南邊。

不過，隨著春天的腳步接近，冷氣團也逐漸退散。等到南邊的暖

087

氣團勢力增強，原本位於冷暖氣團交界之處，也就是形成低氣壓的位置，會逐漸往北移動，最後也出現了會通過日本海的低氣壓。因此，春一番出現時，才會剛好是季節交替的時候。

3-7 低氣壓的位置產生變化

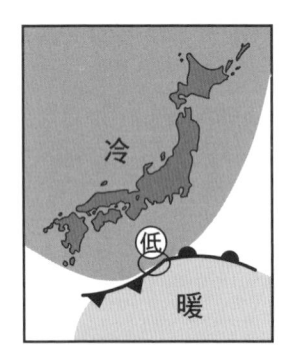

→ 春

| 冷氣團發威的嚴冬季節，低氣壓會移動到遙遠的南方 | 等到冷氣團的勢力稍減，低氣壓就會往北上移動 | 等到冷氣團變得更弱，低氣壓就會通過日本海 |

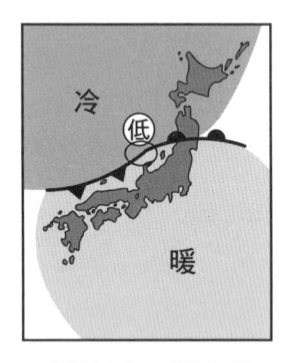

◎ 注意暴風造成的災害

春一番是昭告春天來臨的季節象徵，也意味著萬物復甦、生氣盎然。但是，有一點必須警戒的是，**這時也是颱風好發、容易釀成風災的季節。**

而且氣溫會急速上升，所以在降雪多的地區，也要特別注意雪崩和融雪性洪水[3]。

---

[3] 不過，絕大多數的情況是從帶來春一番的低氣壓延伸出去的冷鋒通過時，冷氣團會再次籠罩上空，隔天又會恢復嚴寒的氣溫。

23 為什麼有「梅雨」？

說到陰雨綿綿的日子持續不斷的季節，相信大家馬上會想到「梅雨」。梅雨季的產生始於兩個氣團（高氣壓）的戰爭。這個季節最大的特徵是「梅雨天空」，也就是天空會呈現各種不同的樣貌。

◎ 帶來局部豪雨的梅雨鋒面

如同前述，一接近夏季，小笠原（太平洋）高氣壓在南海上會變得愈來愈發達。同一時間，北邊的海面上也會形成鄂霍次克海高氣壓。當這兩個高氣壓交會時，彼此會互相推擠，在兩者交界處的就是**梅雨鋒面**。

3-8 梅雨的天氣圖一例

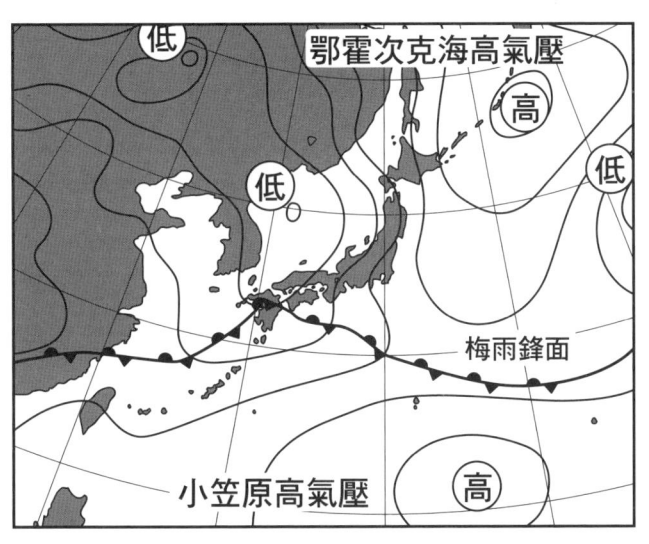

梅雨鋒面在北邊的鄂霍次克海高氣壓與南邊的小笠原高氣壓的交界處形成

這兩個高氣壓剛開始碰撞時，一時之間無法分出勝負。在兩者勢均力敵期間，會形成所謂的**滯留鋒**。不過等到愈來愈靠近夏季，炎熱的太平洋高壓的勢力逐漸增強，鋒面就會緩慢地北上。到了梅雨季的尾聲，活躍的梅雨鋒面不時會橫渡日本群島，使雨勢增強，甚至可能造成局部豪雨。

隨著梅雨鋒面的北上，對天氣已經沒有影響，也正式宣告「出梅」[*1]。梅雨季結束之後，悶熱的夏天就來報到了。除了颱風與雷雨，幾乎也不會再下豪大雨。

◎ 各種型態的梅雨天空

梅雨的型態很多元，並非單一樣貌。雨勢來得又快又急，而且雨後立刻放晴的是**陽性梅雨**，相對地，烏雲密布，下起綿綿細雨的是**陰性梅雨**。

如果是陽性梅雨，須嚴防大雨成災，但如果是陰性梅雨，則要小心冷害和日照不足[*2]。值得注意的是，梅雨季前半通常是陰性梅雨，但到了尾聲常常轉為陽性。

鋒的活動力減退，或是太早就結束梅雨季，導致期間降水量不足的稱為**空梅**（短梅），如果直接進入夏季，就會陷入嚴重的缺水危機。

另外，原本的情況是當梅雨鋒面已經北上，梅雨季也就此結束。但如果梅雨鋒面再度南下，帶來雨量就稱為**梅雨回頭**。另外還有常出現雷雨的**雷梅雨**等。

出梅的型態也不只一種。有一種另類的出梅是，來自北邊的鄂

[*1] 「入梅」「出梅」沒有明確的定義，以關東地方為例，只要進入6月後，連續2~3天都是陰天，還有下雨，氣象廳就會發布「即將進入梅雨季」的消息。

[*2] 關東地方在2019年下的是典型的陰性梅雨，引起的日照不足與「梅雨寒（氣溫回冷）」等問題，在當時備受討論。

霍次克海高氣壓的勢力會逐漸增強，迫使梅雨鋒面南下，最後自然消失。如果遇到這種情形，該年常常會變成冷夏。

◎ 秋雨鋒面

更不妙的情況是，即使到了8月，梅雨鋒面還是沒有要離開日本的跡象，更沒有消失，直接撐到秋天，成為**秋雨鋒面**（過了立秋[*3]，「梅雨鋒面」的名稱就會改為「秋雨鋒面」）。1993年就是最典型的例子，許多地區都出現「沒有明顯的出梅」的狀況，當年的稻作也嚴重欠收，甚至還得緊急從泰國進口白米。相信聽我這麼一提，也喚醒許多人的回憶吧。

◎ 不會下梅雨的地區

話說回來，北海道和小笠原諸島卻沒有梅雨。因為北海道和小笠原諸島各自籠罩在鄂霍次克海高氣壓和小笠原高氣壓之下，導致兩者沒有交會的機會。不過在北海道，如果出現較多的降雨，有時就會把這種現象稱為「蝦夷梅雨」。

◎ 為何稱為「梅雨」？

「梅雨」的由來沒有明確的說法。比較常見的說法包括因為正值梅子成熟的季節、源自於意味著容易發霉的「霉雨」的諧音等。不過在中國也是使用「梅雨」一詞。

[*3] 立秋在二十四節氣中排行13。在8月7號前後。介於夏至與秋天的中間，從這天開始，直到立冬（11月7日左右）這段時間被視為「秋季」。

24 關東的梅雨和九州的梅雨哪裡不一樣呢?

雖說都是「梅雨」,不過西日本和東日本的梅雨各有不同的特性。因此形成的雲和降雨方式也不一樣。接著請各位一起來看看有何不同吧。

◎ 西日本下豪雨,東日本下綿綿細雨

住在東京等關東地方和東北地方的太平洋沿岸地區的人,應該都很清楚,只要一到梅雨季,自己住的地區就會下起沒完沒了的綿綿細雨吧。

不過,九州等地在同一時期卻連日降下猛烈大雨。天氣的變化原本就是從西到東,而且東京有時候也會被大雨轟炸。所以這到底是怎麼回事呢?

最根本的原因在於,**梅雨鋒面的特性有東西之分,兩邊大不相同**。

如上一篇的開頭所述,鄂霍次克海高氣壓和太平洋(小笠原高氣壓)之間會產生「滯留鋒」,其實,現行的教科書也是這麼寫的,但這段文字只適用於敘述梅雨鋒面東側的特性。

◎ 西日本是「水蒸氣鋒面」

請各位先看右圖。來自大陸、炎熱且略為潮溼的空氣,會與來自海洋、溫暖且非常潮濕的空氣互相碰撞。簡單來說,**這兩個互相碰撞**

第 3 章　學習「四季與天氣現象」

的都是**暖氣團**。因為是兩個含有不同水蒸氣量的氣團相撞，所以這種異於一般滯留鋒的鋒面，被稱為**水蒸氣鋒面**。

屬於典型滯留鋒的**東側，會形成大範圍的雨層雲，下起綿綿細雨**，相較之下，**西側則受到水蒸氣鋒面的牽連，大氣的狀態會變得非常不穩定，最後形成積雨雲，帶來如瀑布傾瀉而下的豪雨**。

3-9　**梅雨的性質東西大不同**

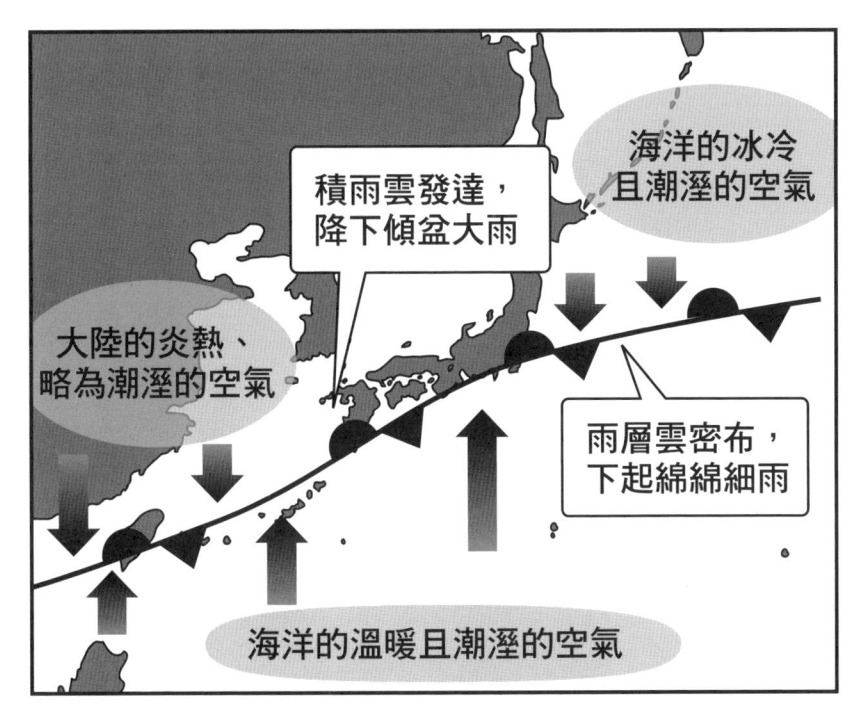

海洋的冰冷且潮溼的空氣

積雨雲發達，降下傾盆大雨

大陸的炎熱、略為潮溼的空氣

雨層雲密布，下起綿綿細雨

海洋的溫暖且潮溼的空氣

一般的鋒面都是因氣溫的差異（暖空氣與冷空氣）而形成，但也有因水蒸氣量的差異（乾燥空氣與潮溼空氣）而形成的鋒面，這種鋒面有時被稱為水蒸氣鋒面。一般的鋒面是鋒面北側的降水量會增加，但水蒸氣鋒面的特徵是南側比較容易發生豪雨。

◎ 無法深入關東平原的積雨雲

在西日本形成的積雨雲，會往東移動，但是關東平原被西側的高山圍繞，所以這些積雨雲無法入侵關東平原。

因此，只就梅雨鋒面的影響而言，在東京降下極端大雨的機率很低。

但是，如果有強烈的冷氣團進入上空，或是颱風、熱帶性低氣壓接近，關東還是有可能降下豪雨。不過這裡所說的是一般的傾向，最明智的做法還是確認最新的氣象報告。

3-10 阻擋積雨雲的群山

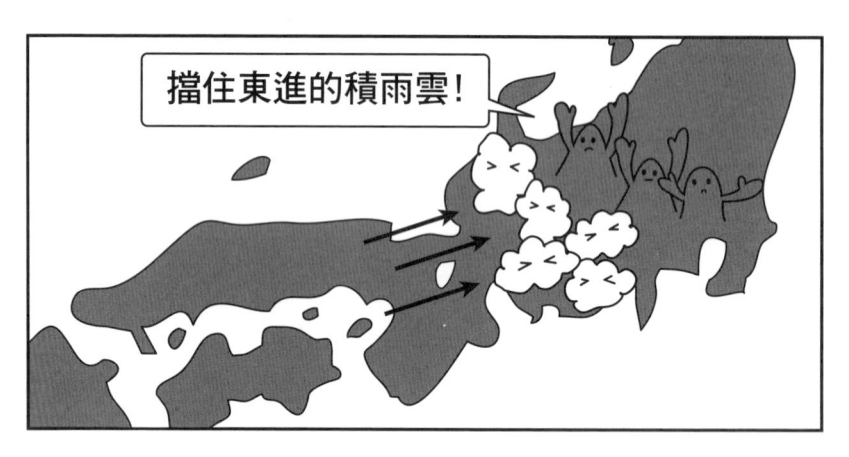

東進的積雨雲，難以橫越箱根和（南阿爾卑斯）赤石山脈

25 為什麼「秋日天空」變幻莫測？

> 秋季的天氣很不穩定，說變就變，所以被用來比喻人的心理。原因是夏季的高氣壓減弱，來自大陸的低氣壓和高氣壓會乘著偏西風通過日本的上空。

◎ 說變就變的秋日天空

日文有兩句與秋日天空有關的俗諺[1]，分別是「秋空男人心」與「秋空女人心」。簡單來說，從上述兩句俗諺，我們可以理解，「秋天的天氣」就像人心一樣，變幻莫測又難以捉摸。

夏季在太平洋高壓的籠罩之下，連日都是悶熱的晴朗天氣。但是當時序來到秋天，太平洋高壓的威力就會減退。於是，在上空吹著強烈西風的**偏西風**就會通過日本上空。如此一來，低氣壓和高氣壓就會乘著偏西風通過日本群島，造成陰晴不定、突然降雨的多變天氣。

再加上太平洋高氣壓的防禦力到了秋天會減弱，所以**颱風**也更容易長驅直入日本群島。在夏季的炎熱空氣與秋季的涼爽空氣互相碰撞之下，某些年會形成**秋雨鋒面**，帶來綿長的雨季。

另外，當季節逐漸邁入冬季，突然有冷氣團來襲時，大氣的狀態會變得不穩定，有時會出現雷雨。

---

[1] 男性不懂女性的心理，因此覺得很納悶「為什麼她的心情說變就變呢？」，但女性也同樣無法體會男性的心理，只能無奈地表示「實在搞不懂男人的心」。

◎ 日本海沿岸的「時雨」

等到進入深秋，太平洋沿岸的天氣大多也變得穩定許多，但日本海沿岸則進入了所謂**時雨**的「雨季」。時雨是太平洋沿岸沒有的氣候，所以或許對住在東京等地的人而言會感到很陌生。

時雨是一種有點惡劣的天候，積雲和積雨雲隨著冷風不斷通過空中，造成驟雨頻繁，有時還會伴隨雷擊和霰。大家只要想成夏季的對流雨一再發生就可以了。再過一段時間，時雨會轉為雪，此時，日本海沿岸也正式進入雪季。

如同上述，秋季的天氣受到許多因素所左右，所以給人複雜多變的印象。

3-11 複雜多變的秋季天氣圖範例

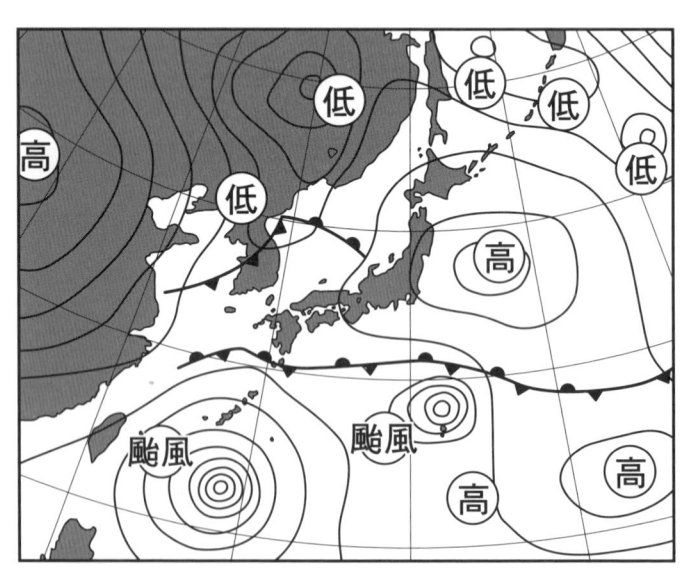

南邊有2個颱風，北邊有5個低氣壓，而且還有4個穿過兩者之間的高氣壓，看得讓人眼花撩亂。

26 為什麼日本海沿岸在冬季會下豪雪?

> 冬季從大陸伸出的西伯利亞氣團（高氣壓）勢力增強。相較於其低溫，日本海的水簡直和「熱水」沒有兩樣。所以在水蒸氣和熱被帶走後，日本海沿岸會下起大雪。

◎ 日本是世界數一數二的豪雪地帶

日本海沿岸，是全世界屈指可數的頂級豪雪地帶。

截至目前為止的全世界的積雪紀錄，第一名是1927年在滋賀縣的伊吹山觀測到的1182公分（約12公尺）。

只看到這裡就覺得很驚人還太早。因為還可能有積雪比觀測地點更深的地點。以可以漫步在雪壁之中的觀光行程而聞名的「立山黑部阿爾卑斯山脈路線[*1]」為例，據說有些地方的雪壁竟高達20公尺以上（畢竟是為了除雪所開闢的道路，其積雪高度無法列入正確統計）。

從降水量來看，也能一窺其驚人之處。

3-12 立山黑部阿爾卑斯山脈路線的「雪之大谷」

[*1] 連結富山縣中新川郡立山町的立山站與長野縣大町市的扇澤站的道路。之所以能夠形成如此高的雪壁，是因為富山處於豪雪地帶，積了許多帶著溼氣的雪。

097

3-13 降水量的比較

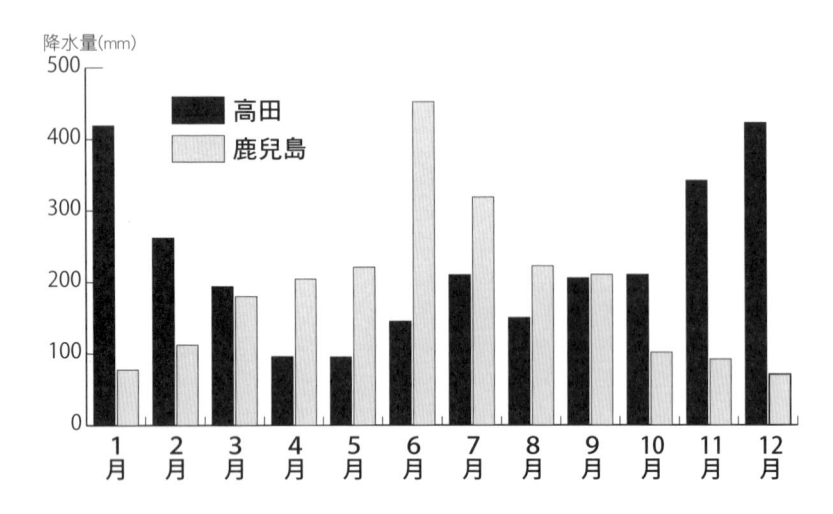

　　接著讓我們一起看看高田（新潟縣上越市）與鹿兒島市的平均降水量圖。從圖表可清楚看出，高田在12月、1月的降水量，與6月的鹿兒島沒有太大的差異。說到6月的鹿兒島，基本上幾乎可以和豪雨成災畫上等號。想到12月、1月的降雪量能夠與這樣的降水量匹敵，實在非常驚人。

◎ 冬季的日本海和熱水沒有兩樣？

　　那麼，究竟是什麼原因造成如此驚人的降雪量呢？原因在於前述的西伯利亞氣團（高氣壓）和日本海。

　　西伯利亞氣團橫渡日本海時，會帶走水蒸氣和熱，所以**對寒冷的**

3-14 毛嵐（蒸氣霧）

rik/PIXTA

從海洋、河川、湖等水面，冒出白煙般的霧氣，也稱為「蒸氣霧」。
形成條件包括夜間的氣溫因輻射冷卻而降低，隔天是晴朗的好天氣。

西伯利亞氣團（高氣壓）而言，日本海簡直和「滾燙的熱水」沒有兩樣。目前到了冬季，不時可觀測到從日本海的海面冒出水蒸氣的現象（日文稱為「毛嵐」）。

因為西伯利亞氣團從下層開始加溫，所以造成「大氣的狀況變得不穩定」，日本海的上空會陸續形成積雨雲。這些積雨雲會乘著西北季風逼近日本海沿岸，帶來伴隨著雷鳴的暴雪。

另一方面，潮溼的空氣被山阻擋，因此關東等地有較多乾燥的晴天（參照p.84圖3-3）。

27 為什麼太平洋沿岸也會下大雪呢？

> 冬天的關東地方和東海地方，最明顯的天氣特徵是晴朗的天數占壓倒性居多。不過，每隔幾年就會下起「大雪」，其猛烈的程度甚至會癱瘓東京的都市功能。究竟原因是什麼呢？

◎ 即使只下1天也可能累積很深的積雪

前述已經提到，日本海沿岸的地區是全世界屈指可數的豪雪地帶。不過，太平洋沿岸有時也會下大雪。想必各位對2014年2月14日〜15日這兩天還記憶猶新，因為光是這兩天的降雪量，便創下山梨縣的河口湖143cm、甲府114cm、東京27cm、橫濱28cm等驚人的紀錄。尤其是河口湖和甲府兩地，皆大幅超越以往的紀錄（甲府的史上第2紀錄是49cm）。

相較於日本海沿岸的豪雪，通常是連續累積好幾個星期，而太平洋沿岸的特徵是會在一天之內降下驚人的雪量。為什麼這兩個地區會出現這樣的差異呢？

◎ 南岸低氣壓

日本海沿岸的豪雪，源自西伯利亞氣團帶來的冷空氣。在日本海上空形成的積雨雲，非常不容易越過山頂。積雨雲在風向的影響下，可能會使名古屋、大阪、鹿兒島等地降雪，但是關東平原從西側到北側，拜有高山作為屏障，所以能夠防堵雪雲（雨層雲的一種）的入

侵。換言之，關東平原的雪，是另有截然不同的原因所造成。

原因就是**「南岸低氣壓」**。一接近春季，來自北方的西伯利亞高氣壓的威力就會減弱，而低氣壓則東進本州的南岸。低氣壓通過時會捲入來自北方的冷空氣，變得愈來愈發達，所以太平洋沿岸也會降下大雪。

3-15 南岸大氣壓在發展的過程中會不斷捲入冷空氣

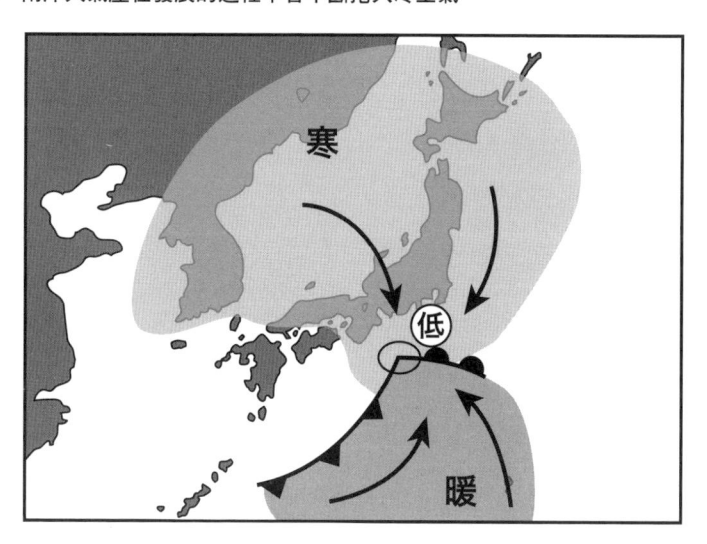

◎ **難以準確預測關東是否會下大雪的原因**

要準確預測在南岸低氣壓的影響下，是否會下大雪的難度非常高是不爭的事實。因為關東地方等地降雪時，氣溫總是處於「不知是雨還是雪」的微妙狀態。像日本海沿岸一樣，基本上「預估1整天的氣溫都遠低於冰點，幾乎一定會下雪」的情況絕少出現在關東地方。以

東京為例，最高氣溫低於冰點的「嚴冬日」，史上僅出現過4次，其中還有3次是19世紀的紀錄。

尤其是2℃～0℃的氣溫是最難預測的，因為即使只有0.2℃之差，積雪方式就會改變。若受到其他條件影響，有時1.5℃的氣溫也會帶來可觀的積雪量，但有時低於1.5℃的1℃，也完全不會造成積雪[*1]。

另外，路徑對南岸低氣壓也很重要。如果路徑太過接近陸地，降水量就會增加，但暖空氣進入也會增加降雨機率。相反地，如果路徑距離陸地太遠，氣溫就會降低，而且還可能導致「只有零星降雨」。

3-16　在關東甲信帶來大雪的南岸低氣壓

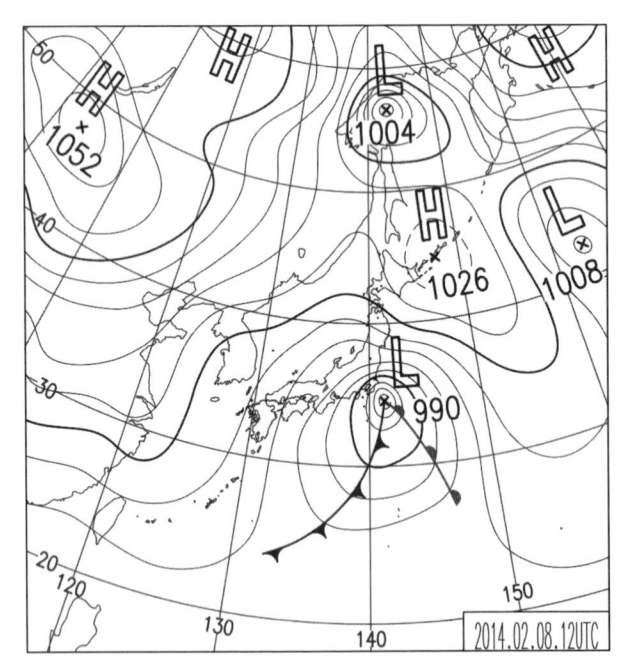

（出處：氣象廳「天氣圖」、加工：國立情報學研究所「數位颱風」）

---

*1　溼度、風速、上空的溫度等多重因素影響。

簡單來說，唯有當南岸低氣壓與陸地保持恰到好處、不遠不近的距離，才會提高關東地方的降雪機率[*2]。

◎ 下大雪的地區依發達程度而改變嗎？

低氣壓的發達程度也是不可忽略的重要因素。原因在於雲的發達程度和低氣壓的發達程度成正比，所以雲愈發達，帶來的降水量也會愈多，而且吸進冷暖空氣的力量也會增強。

關東甲信出現了一個有趣的傾向：**低氣壓非常發達時，東京和山梨會下大雪；如果不太發達，則是茨城容易下大雪。**

如果低氣壓變得過於發達，相對陸地而言，比較溫暖、來自東北的海風也會吹過來，使關東東部的氣溫上升，所以茨城等地只有零星的積雪。

3-17 如果低氣壓異常發達，關東東部的氣溫會跟著上升

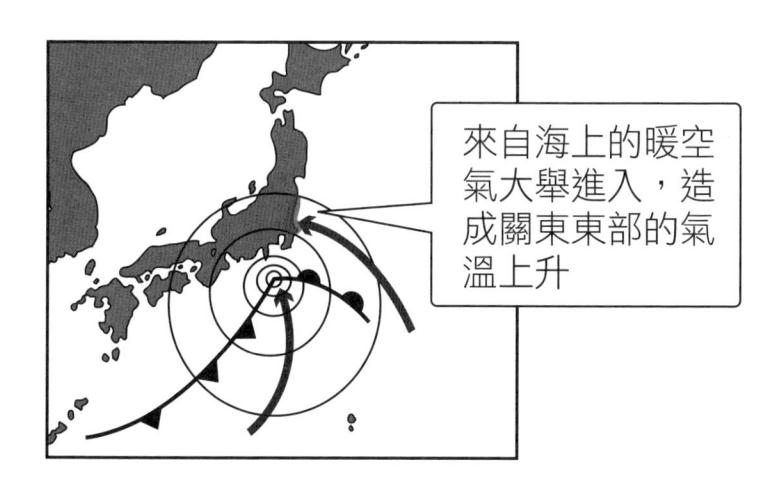

來自海上的暖空氣大舉進入，造成關東東部的氣溫上升

[*2] 以前流傳著「只要低氣壓通過八丈島以北就會下雨，通過以南就會下雪」的經驗法則，但近幾年的準確率下降，不太具有參考價值。

28 創下低溫紀錄的「輻射冷卻」是什麼呢？

大家是否有注意到，冬天的早晨天空，如果晴朗無雲，當天的氣溫一定低得驚人。日本史上的最低氣溫，也是因「輻射冷卻」造成。那麼形成輻射冷卻的原理是什麼呢？

◎ 向外太空釋放的熱能

我想先請問各位一個問題，請問冬季晴朗無風的夜晚和北風呼嘯的夜晚，哪一個比較冷呢？答案是冬季晴朗無風的夜晚。

氣溫降得很低的原因是熱能流失到外太空，這種現象稱為**輻射冷卻**。

如果夜晚晴朗無風，表示地表的熱已經順利散失（輻射）到外太空，所以地面的溫度不斷降低。

相對地，如果風勢很強，空氣就會被攪動，導致原本要釋放到外太空的熱能，有時又回到地面。因為散失到外太空的熱能有限，氣溫下降的幅度自然很小。

另外，雲也會吸收熱，再把熱輻射回來。這就是為什麼遇到陰天時，冷卻輻射無法順利進行。

這也是為什麼陰天和雨天都沒有日照，所以白天的氣溫不會上升，但是清晨大多會覺得溫暖的原因。

3-18 輻射冷卻

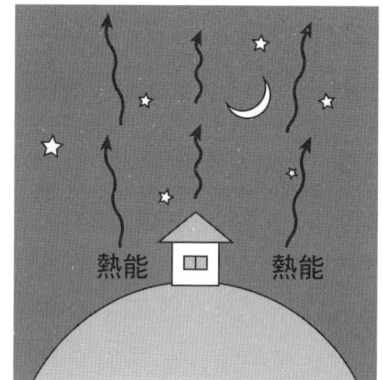

熱能不斷釋放到外太空　　　熱能不易散失到外太空

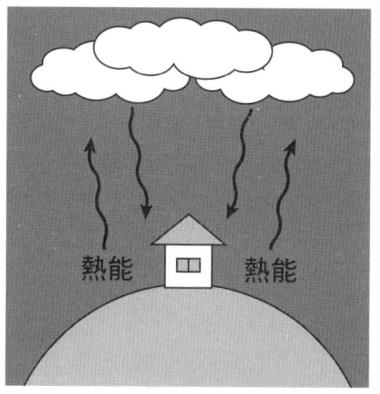

晴朗的日子比陰天更冷

◎ 輻射冷卻曾創下負41℃的紀錄

日本的極度低溫的紀錄，都是發生在輻射冷卻效應很強的情況下。**日本史上的最低氣溫是旭川的負41℃**。這是在符合所有產生輻射冷卻的條件下，地表的熱不斷散失，造成北海道的內陸氣溫不斷下降的結果。

只要走一趟位於北海道上川町的冰之美術館，每個人都能親身感受負41℃的體驗。我本人也曾經造訪這個美術館，體驗「負41℃」究竟是什麼感覺。我還記得我當時的感想是冷到這種地步的話，空氣已經可以當作「武器」，因為只要接觸到皮膚都會痛。

專欄
3　花粉與寄生蟲的關係

　　目前日本號稱每5個人中就有1人是花粉症患者。

　　春天的到來，固然令人歡欣鼓舞，但對花粉症患者而言，卻是相當難熬的季節。花粉症發作時，意味著患者必須歷經一段每天流鼻水、鼻塞、打噴嚏、眼睛發癢等不適症狀的日子，可想而知，這些不適對工作和學習都會產生負面影響[*1]。我本身對柳杉、扁柏和豬草的花粉免疫，但我被醫生認為有血管運動性鼻炎，而且一整年都苦於類似的症狀，所以對花粉症患者完全能夠感同身受。

　　佛教把「阿鼻地獄（無間地獄、十八層地獄）」視為眾地獄中最痛苦的地獄。據說所謂的「阿鼻」，就是鼻子被塞住的狀態。由此可見，鼻塞是如此鬱悶、讓人難過的「酷刑」！

　　所謂的花粉症，並不是漂浮在空氣中的柳杉、扁柏和豬草等植物的花粉，造成鼻子和眼睛受到刺激，引起搔癢的症狀。

　　簡單來說，花粉症是「過敏反應」之一，原因是「白血球的暴衝」。白血球是守護身體免於受到病原體等異物攻擊的細胞，但有時也會對無害的異物做出過度反應，也就是一般人熟知的過敏反應[*2]。

[*1] 沒有花粉症的人，只要想像被芥末嗆鼻的難受感一直持續，無法消退的感覺，大致上就能了解花粉症的症狀了。

柳杉花粉傾向於只要前一年夏天的氣溫愈高，這一年散布的數量就愈多。另外，風勢強和氣溫高，也有助花粉的散布。相反地，天氣寒冷、雨雪少的時候，花粉的飛散量會降低。簡單來說，為了對抗花粉症，最好的做法就是遇到天氣類似春一番的日子時，要確實做好因應對策。

　　提前服藥，對減緩花粉症的症狀很有效。如果擔心「是不是花粉症發作」，建議先去耳鼻喉科驗血；如果結果是陽性，不妨請醫生替自己開處方藥。當然，維持規律的作息，做好壓力控管也很重要。因為壓力對白血球會產生很大的影響力。

　　另外值得注意的是，有人認為蛔蟲和條蟲等寄生蟲，可發揮抑制花粉症等過敏症狀的效果。話說回來，在以前幾乎所有的日本人，身上都有寄生蟲的年代，也幾乎沒有聽過有人出現嚴重的過敏症狀。然而，不斷追求清潔，使得寄生蟲幾乎被消滅殆盡的結果，也造成了花粉症的普及。

　　「只要讓條蟲在體內寄生，花粉症就會不藥而癒」的說法，或許對於每年被花粉症折磨得苦不堪言的人而言，是一種「死馬當活馬醫」的最後嘗試吧。

---

*2　各位只要想像「室內飛來對人畜皆無害的蟲子。結果警衛全體出動，用機關槍掃射所有的蟲子。不但如此，連牆壁和窗子也通通遭殃。最後，隊長宣布『任務結束！弟兄們辛苦了！』就收隊了」的畫面就可以了。

第4章
認識何謂「颱風」

29 颱風是如何生成的呢？

颱風有可能造成暴風、豪雨、大浪、暴潮、雷擊等多數激烈天氣現象。因此，把颱風稱為「天氣現象之王」應該也不為過吧。

◎ 積雨雲集團

颱風說穿了就是聚集了多數積雨雲的集團，多則一年會生成近40個，少則也會超過20個。

地球上存在著大量積雨雲的地方在哪裡呢？答案就是P.32也提過的位於赤道附近的「赤道低壓帶」和「熱帶輻合帶（ITCZ）」。這裡會不斷形成積雨雲，因此位於同緯度的陸地有大量的熱帶多雨林，而且這個地區幾乎每天都會下猛烈的雷雨。

4-1　熱帶輻合帶

在這個地區頻繁形成的積雨雲，如果具有低壓部[*1]，就可能形成集團。透過衛星照片，有時可看到低緯度會形成巨大的積雨雲群，但令人發毛的是，積雨雲下方則是傾盆大雨的天氣，不知會帶來多少驚人的雨量。

◎ 何謂颱風

上述的積雨雲群，受到地球自轉的影響（科氏力）產生漩渦，如果再把周圍的積雨雲不斷捲入，就會產生「熱帶性低氣壓」。當其發達的程度已達中心附近的最大風速超過17.2公尺，就稱為「颱風」。

颱風的能量來源是熱與水蒸氣，而且它會在發展的過程中不斷移動。海水溫度愈高，颱風也愈容易生成、變胖及增強，至於溫度的標準大約是**26.5℃以上**[*2]

另外，就物理條件而言，颶風、氣旋其實和颱風沒有兩樣，差異

4-2 颱風的生成

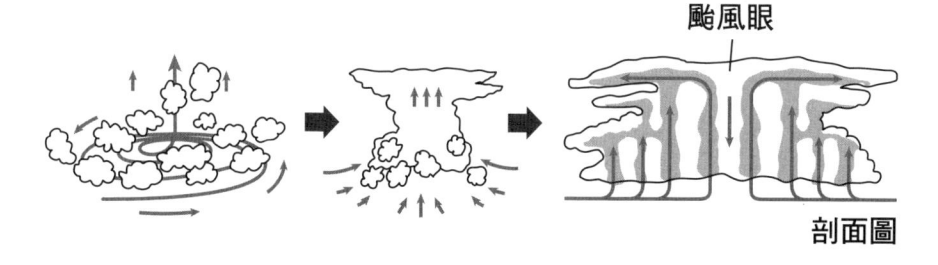

積雨雲聚集，形成熱帶性低氣壓，最後發展為颱風

---

*1 「低壓部」雖然幾乎等同於低氣壓，差異在於前者沒有明顯的中心。
*2 海水溫度愈高，颱風也愈容易生成、變胖及增強的理由是，海水溫度愈高，海面上水蒸氣的蒸發也會愈旺盛，產生大量可成為颱風「能量來源」的水蒸氣。

在於存在地區不同。颶風西進後，只要穿越國際換日線，就會改稱為「颱風」。

4-2　颱風、颶風、氣旋

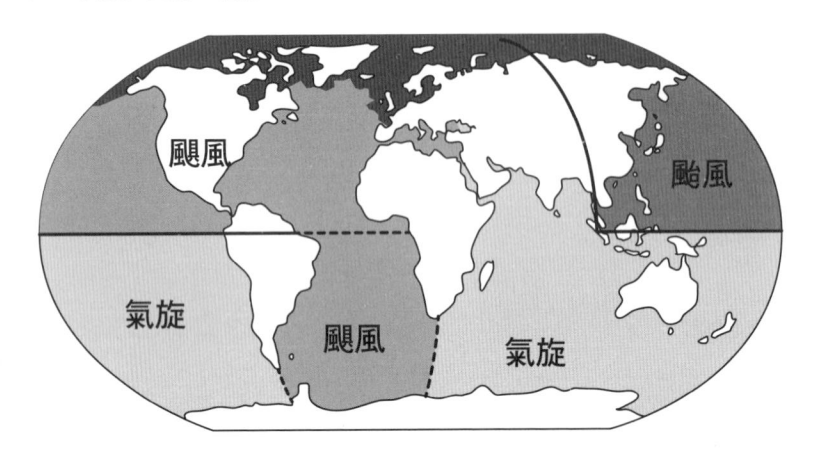

差異僅在於名稱隨著存在地區而異，但這三者基本上都是「增強的熱帶性低氣壓」（而且定義各略有不同）。

◎ 颱風無法穿越赤道

話說回來，無論威力再強的颱風也有罩門，那就是絕對無法穿越赤道。

颱風受到地球自轉的影響，在北半球形成逆時針方向的漩渦。到了南半球剛好相反，成了順時針方向的漩渦。

總而言之，因為北半球與南半球的漩渦方向不同，所以颱風無法跨越赤道移動。

第4章　認識何謂「颱風」

另外，前述提到「颱風因赤道正下方的積雨雲聚集所生成」。更準確的說法是，一般大多生成於稍微往南北偏移的位置。因為如果太過接近赤道，即使形成了積雨雲，**科氏力**[*3]也過於微弱，無法形成漩渦。

◎ 赤道正下方不會有颱風？

新加坡是熱帶雨林氣候的都市。猛烈的驟雨和雷雨在新加坡可說是家常便飯，當然雨傘也是隨身必備之物。而且讓人印象深刻的是，新加坡到處都是騎樓，好方便讓人躲避突如其來的陣雨。

但有趣的是，新加坡不會有颱風來襲。因為它幾乎就在赤道的正下方，受科氏力的影響很小，不論積雨雲發展得如何旺盛，也不會形成漩渦。

4-4　北半球與南半球的漩渦轉向不同

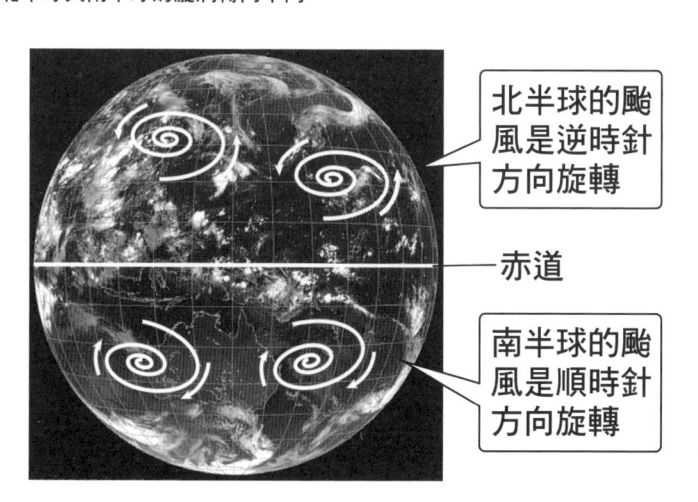

[*3] 即使物體筆直前進，但因受到地球自轉的影響，看起來還是向右轉。這種讓物體向右轉的「假想力」被稱為科氏力。光靠日常生活的傳接球等極小規模的運動無法體驗科氏力的存在，除非擴大成幾百、幾千公里的大尺度運動才能體現。

30 颱風的雲層厚度有幾公里？

> 隨著颱風的接近，降雨方式也會產生很大的變化。有時原以為會下起傾盆大雨，結果沒多久就放晴的情況屢見不鮮。到底颱風具備什麼樣的結構呢？

◎ 高度可達20公里

如同前述，颱風由許多積雲[1]與積雨雲所構成，形狀像一個漩渦。一般而言，愈是接近中心，愈可能發展為高聳的積雨雲，其**高度甚至可達近20公里**（一般的雨雲頂多只有幾公里）。

颱風的中心有一塊稱為「眼」的無雲地區，而高聳的積雨雲則有如銅牆鐵壁，環繞住眼。

接著我們從颱風的結構，探索颱風接近時的天氣變化。

◎ 颱風的結構

A：外圍雨帶（Outer band）

朝著颱風的中心旋入的積雨雲群稱為**「螺旋狀雲帶」**。其中，距離中心200～600公里附近的是「外圍雨帶」。算是颱風來襲的預告，讓人開始緊張「颱風真的要來了」。如果和秋雨鋒面和梅雨鋒面合體，有可能一天就降下幾百毫米的破紀錄大雨。

---

[1] 積雲常見於晴天，外型有如棉花般蓬鬆。積雲本身的威力僅於可能帶來短時間的陣雨，但如果大氣的狀況變得不穩定，就有形成濃積雲（形狀像花椰菜的積雨雲）、砧狀雲的風險。

B：內圍雨帶（Inner band）

其次是距離中心200公里以內、發展成熟的積雨雲帶—「內圍雨帶」。這個區域的天氣變化相當劇烈，一下子打雷，一下子又下起傾盆大雨。只要抬頭看看天空，光憑肉眼都看得出雲層移動的速度非常快。

C：眼牆（Eyewall）

像牆壁（wall）環繞住眼（eye）的雲區。蓬勃發展的積雨雲如壁壘般聳立。一旦進入此區，就會下起猛烈的暴風雨，甚至有可能降下時雨量達100～150毫米的豪雨與颳起強風。

4-5　颱風的模式圖

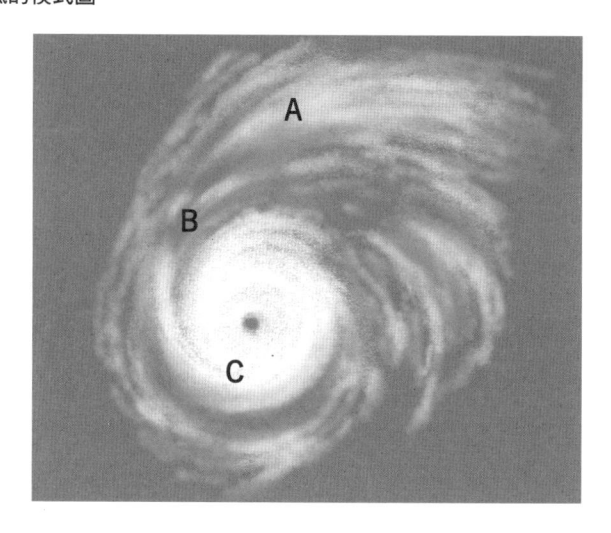

4-6 颱風的剖面圖

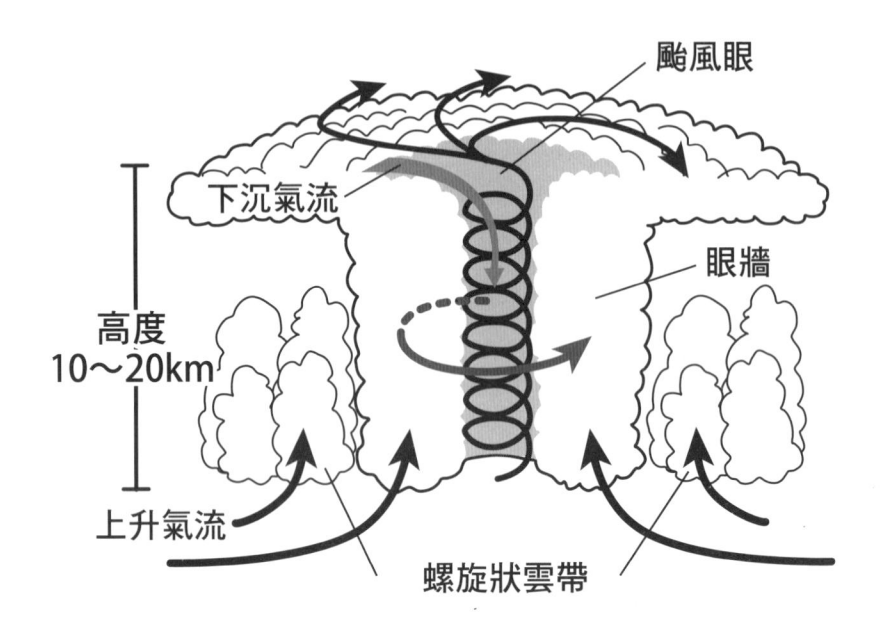

颱風眼
下沉氣流
眼牆
高度 10～20km
上升氣流
螺旋狀雲帶

颱風眼	被視為下沉氣流，無雲，風雨也減弱。眼的直徑可達20～200公里。如果颱風眼小又看得很清楚，表示颱風的勢力增強。
眼牆	颱風眼的周圍稱為眼牆（Eyewall），被厚而密實的積雨雲如銅牆鐵壁般環繞。這裡會下起猛烈的暴風雨。
螺旋狀雲帶	就在眼牆之外，幅度稍寬的降雨帶，會帶來持續性的大雨。

31 為什麼颱風有「眼」？

說到「強烈颱風」，我相信大家對清楚呈現在衛星雲圖上的「颱風眼」都曾留下深刻的印象。到底這個「眼」是如何形成的呢？

◎ 何謂離心力？

「咖啡杯」可說是每個遊樂園必備的基本遊樂設施。相信對追求刺激的遊客而言，它是永遠不敗的經典，也是不論搭上幾次都欲罷不能的人氣設施。

接著，我想請各位從腦中喚醒有關搭乘咖啡杯的記憶。當咖啡杯高速旋轉時，身體也會不由自主地被壓在咖啡杯的邊緣，其力道之大，甚至連身體都覺得痛。

4-7 遊樂園的咖啡杯（示意圖）

蜜柑／PIXTA

這時發揮作用的是「離心力」。所謂的離心力就是在物體轉動時，將物體從圓心往外推的作用力。事實上，颱風眼的形成也是因離心力的作用。

◎ 颱風眼與離心力

如同前述，颱風內的風是朝著中心猛烈地灌。再加上受到地球自轉的影響會形成漩渦，所以從人造衛星上看起來，雲層呈漩渦狀排列。

形成漩渦，就是進行旋轉運動的證據。換言之，**颱風旋轉時會產生「離心力」**。尤其是風速強的颱風，中心附近所產生的離心力也愈加顯著，會形成一個向外擠壓的區域，就是所謂的「颱風眼」。

「眼」的部分清晰可見的颱風，風速大，結構也發展得很成熟。相反地，當颱風的威力減弱、風速變小時，「眼」也會逐漸變得模糊。

◎ 中心平靜無雲

拜離心力的作用所賜，積雨雲和暴風都無法入侵颱風眼內，所以颱風眼內能夠維持相對良好的天氣。

但是，因為由積雨雲所構成、又稱為眼牆（參照P.115）的雲牆聳立，只要颱風稍有移動，就會形成暴風雨[*1]。

[*1] 接近琉球群島以外的地區的颱風，大多威力減弱，眼也變得模糊不清，所以少有機會實際體驗恐是實情。

第4章 認識何謂「颱風」

4-8 颱風眼

2016年10月3日的颱風 18號（出處：氣象廳官網）

◎ 如何測量中心氣壓？

以往都是以實測的方式測量颱風的中心氣壓。在1987年8月之前，都是由美軍駕駛著觀測颱風用的飛機深入颱風的中心，**從上空投擲氣壓計，測量中心氣壓**。不過這種方法不但花費高，而且極為危險，所以後來就廢止了。

現在則是透過衛星雲圖，從颱風的雲系（漩渦的形狀、眼的形狀和大小等）等推估中心氣壓[*2]。

[*2] 這種方法稱為「德沃夏克分析法」。利用氣象衛星以可視光與紅外線拍攝的影像進行推估。

32 颱風的強風是如何產生的呢？

> 就像水從高處往低處流的原理，空氣也是同樣從高氣壓區流向低氣壓區。颱風的中心附近的氣壓極低，所以周圍的風都會集中往這裡吹。

◎ 產生強風的理由

前述已經說明，颱風是一種低氣壓，而且中心氣壓極低。換言之，**周圍的風都會集中往颱風的中心吹。**

以水來比喻的話，就像海中突然開了深約1公里的大洞。

同樣的情況如果發生在空氣，就是颱風。有颱風接近時，會產生強風和暴風也是基於同樣的理由。因為猛烈吹來的暴風，在颱風的中心附近發生衝突，造成上升氣流產生，形成了積雨雲。

4-9 空氣會流向低壓區

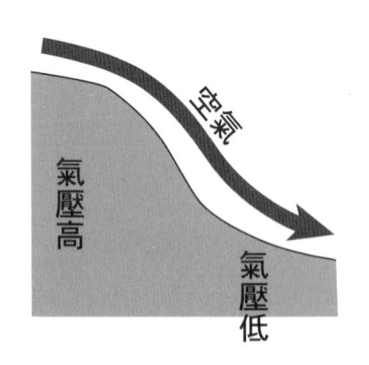

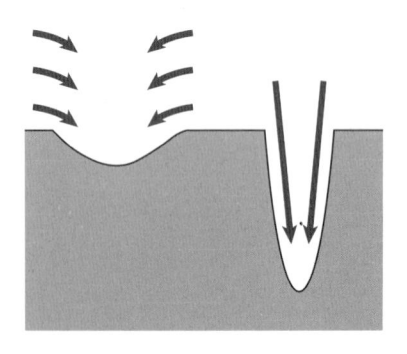

空氣流向左邊淺穴的速度小，但流向右邊陡斜的洞穴時，速度就會加快。

◎ 颱風的中心氣壓與風速

從颱風的中心氣壓,可大致推估出風速。這也是氣象報導會一再強調「中心氣壓」的原因之一。

4-10 颱風的中心氣壓與勢力示意圖

中心氣壓	勢力示意圖
1000hPa	接近東京的平均低氣壓 中心附近的風速大多是15m/s
980hPa	東京幾年一遇的暴風雨 中心附近的風速大多是25m/s
960hPa	凱蒂颱風等級。須高度警戒的颱風。 中心附近的風速大多是35m/s
940hPa	有可能在北日本、東日本造成罕見的破紀錄暴風雨 中心附近的風速大多是45m/s
930hPa	罹難者超過5000人的伊勢灣颱風等級(登陸時) 中心附近的風速大多是50m/s
920hPa	美國史上最惡名昭彰的颶風「卡崔娜」等級。 中心附近的風速大多是55m/s
895hPa	2013年重創菲律賓的超級颱風 中心附近的風速大多是90m/s
870hPa	史上威力最強的颱風

33 「大型颱風」與「強烈颱風」的差異是什麼？

當颱風接近時，最讓人關心的兩個重點是「有多大」與「有多強」。首先，一起看看這兩者的定義吧。

◎ 颱風的「大小」與「強度」

只要收看氣象新聞，不時會聽到「強烈颱風」「大型颱風」「大型的強烈颱風」等用語。到底這些用語之間的差異是什麼呢？

格鬥技依照參賽者的體重，將比賽劃分為輕量級、中量級、重量級等不同組別。不過，就算是超重量級的選手，也不保證一定具備堅強的實力。因為這完全是依照體重，只看「體型大小」所做出的分類。

日本把風速超過15公尺，而暴風圈半徑介於500公里～800公里的颱風歸類為「大型颱風」、風速超過15公尺，而暴風圈半徑超過800公里的颱風歸類為「超大型颱風」[1]。

除了依照大小，颱風也依照「強度」分類。

中心附近的最大風速介於33～44公尺的颱風稱為「強烈颱風」、最大風速介於44～54公尺的颱風稱為「超強烈颱風」、超過54公尺以上的颱風稱為「猛烈颱風」[2]。如果同時符合「大型」和「強烈」的條件，就稱為「大型的強烈颱風」。

[1] 2000年以前，還有「小型」「超小型」的分類。
[2] 即使是同樣的強度，2000年以前還有「一般強度」「微弱」的分類。

4-11 颱風的強度與大小

大小	暴風圈半徑
大型	500km以上、800km以下
超大型	800km以上

強度	最大風速
強	超過33m/s，不到44 m/s
非常強	超過44m/s，不到54m/s
猛烈	54m/s以上

◎「即使微不足道還是颱風」

以往把低於颱風的風速（17.2公尺以上）的熱帶性低氣壓稱為「弱熱帶性低氣壓」。沒想到這個看似威力不強的「弱熱帶性低氣壓」在1999年卻造成嚴重的災害，所以之後決定捨棄這個名稱，以免大家掉以輕心[*3]。

[*3] 正如日語中有句俗諺說「即使腐爛了還是鯛魚（相當於中文的瘦死的駱駝比馬大）」，千萬不可小看颱風的威力。只要是颱風，還是應該提高警覺。（「即使腐爛了還是鯛魚」的原意是即使略有受損或喪失幾分力量，還是無損其優秀的價值。）

34 颱風的路徑是如何決定的呢？

常見的颱風路徑是西進之後，卻突然180度大轉彎，像對準日本似的一路前進。為何颱風會突然改變路徑，來到日本呢？

◎ 決定颱風路徑的因素

颱風畢竟是低氣壓的一種，所以高氣壓就是它的天敵。

在赤道附近的熱帶輻合帶（ITCZ）生成的颱風，因為去路被坐鎮於日本東南部、名為「太平洋（小笠原）高氣壓」的巨大高氣壓所阻擋，只好選擇往西北方向前進。

北上至一定程度，也逐漸接近日本之後，這時颱風已經抵達上方吹著名為「偏西風」的強烈西風的緯度。於是，在偏西風的影響下，颱風會轉向偏東，這也是為什麼颱風的行進路線看起來像是「180度

4-12　一般秋季颱風的路徑圖

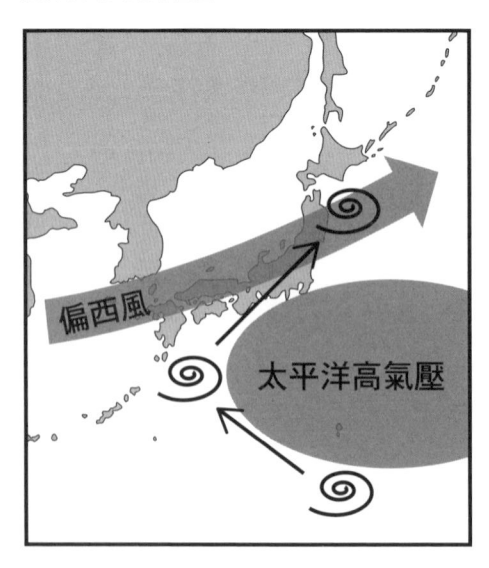

大轉彎，朝日本前進」。

颱風西進時，並不是乘著風移動，所以移動速度緩慢。頂多和騎腳踏車的速度差不多，甚至有時候比走路還慢。但是，只要開始東進，就會乘著強勁的偏西風加快速度，有時移動速度甚至可提高至10倍以上[*1]。

◎「迷走颱風」

有些颱風的移動路徑很複雜，讓人看得撲朔迷離。例如2018年發生的颱風12號（中度颱風雲雀），一開始從太平洋接近伊豆群島，接著轉為西進，在三重縣登陸。之後仍然西進，再南下九州，接著往大陸方向移動。像這種因去路受到阻礙，所以一再改變路徑的颱風被稱為「迷走颱風」[*2]。

4-13　去路受到阻礙的颱風

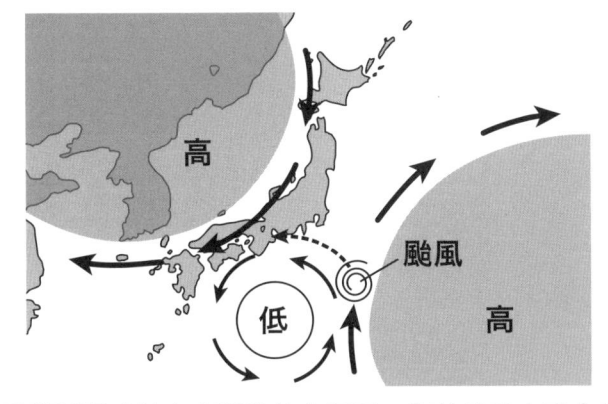

乘著以順時針方向移動的高氣壓，和位於日本南方的
冷心低壓（低氣壓）產生的逆時針方向吹的風移動

[*1] 除此之外，決定颱風路徑的因素還有受到其他颱風與低氣壓的干涉，導致路徑曲折多變的「藤原效應」等。
[*2] 但是，有關「迷走颱風」的用語，氣象廳基於「颱風並非真正迷路」的理由，並未使用這個用語。

35 為什麼行進風向的「右側」的風勢會增強？

颱風可大分為「雨颱風」和「風颱風」兩類。風颱風大多往日本海沿岸前進，傾向於乘著偏西風，以猛烈的速度穿越。尤其是其行進方向的右側，更須格外警戒。

◎ 風颱風與雨颱風

颱風會釀成各種災害，而且具備各種類型。有些會造成嚴重的風災，也有些會導致豪雨災損。有時前者被稱為**風颱風**，後者被稱為**雨颱風**。

以大略的傾向而言，**移動速度較慢的，傾向於發展為雨颱風**。因為伴隨著颱風出現的積雨雲，會持續很長的時間。

還有一個傾向是，**通過太平洋沿岸的颱風容易發展為雨颱風，而通過日本海的颱風容易發展為風颱風**。原因是通過太平洋沿岸時，會流入來自太平洋海面的潮溼空氣，帶來豐富的水氣，而通過日本海沿岸時，會受到偏西風的影響。

◎ 行進風向右側的風勢會增強

不知道各位有沒有聽過颱風行進風向的右側特別危險，因為風勢會增加的說法。這是因颱風本身的風，與颱風移動的方向重疊所致。

以颱風往日本海前進的情況而言，大部分的日本群島都位在颱風行進風向的右側。再加上採取此路徑行進的颱風，時常會乘著偏西風

4-14 各種類型的颱風

颱風的名字	特徵
狩野川颱風 （雨颱風）	1958年9月27日從三浦半島直撲東京。美國軍機在最盛期時觀測到的數值是877hPa，相當驚人。隨著逐漸接近日本而急速衰退，所以並未釀成嚴重風災，但卻因豪雨而造成嚴重災損。東京的24小時降水量為392.5毫米，創下遙遙領先第2名的史上最高紀錄（第2名是284.2毫米）。
凱瑟琳颱風 （雨颱風）	1947年9月15~16日，從東海道近海擦過房總半島南端。造成秋雨鋒面的活躍，在內陸地區造成600毫米以上的總降水量。荒川和利根川潰堤，在關東地方造成嚴重水災。
蘋果颱風 （密瑞兒颱風） （風颱風）	1991年9月27日~9月28日，在長崎縣佐世保市登陸後，以猛烈速度前進日本海，接著從北海道渡島半島再度登陸。在青森市觀測到破歷史紀錄的最大瞬間風速53.9m/s。因為正值蘋果採收季節，許多蘋果都被吹落，損失慘重。
洞爺丸颱風 （梅瑞颱風） （風颱風）	1954年9月26日左右，從鹿兒島灣在大隅半島北部登陸，以時速100公里的速度穿越中國地方，往日本海前進。一路變得更加發達，最近抵達北海道稚內市一帶。颳起大範圍的暴風，造成洞爺丸等5艘青函聯絡船遭吹襲而沉沒。包含乘組員與乘客，洞爺丸共有1139人罹難，成為日本史上傷亡最慘烈的船難。

猛烈加速。如此一來，行進方向右側的風勢就會變得更加強勁。

不論是蘋果颱風還是洞爺丸颱風，都是照著這個路徑，以時速80～100公里的猛烈速度快速通過。

4-15 雨颱風、風颱風的路徑圖

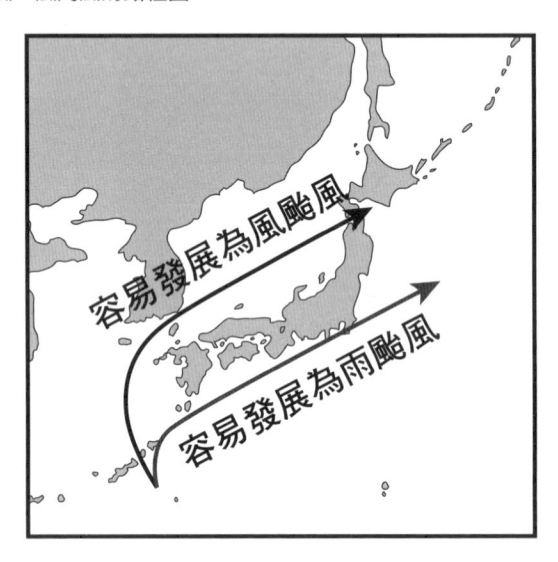

4-16 行進方向的右邊較危險

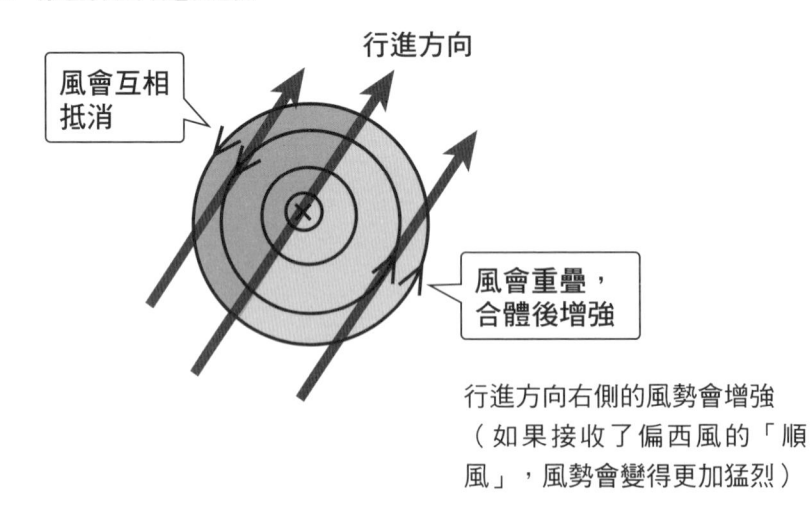

行進方向右側的風勢會增強（如果接收了偏西風的「順風」，風勢會變得更加猛烈）

36 為什麼颱風只要一登陸，威力就會減弱？

> 即使是在海上形成明顯的漩渦，「眼」清晰可見的颱風，但只要一登陸，幾乎都難逃結構崩解的下場，原因是什麼呢？

◎ 颱風的能量來源是什麼？

在海上捲起漩渦，看似興風作浪的颱風，為何一旦登陸就會失去威力是基於以下兩大理由。

颱風的能量來源是「水蒸氣」與「熱」。在熱帶地方獲得熱，變成高溫的空氣，會使上升氣流加速，不斷形成積雨雲，增強颱風的發展。

但是，颱風即使在海上從大量的水蒸氣累積了可觀的能量，但只要一登陸，身為能量的水蒸氣就消失了，自然颱風的威力也跟著急速消退。這是颱風登陸後，力量減弱的第1個理由。

◎ 為何一登陸結構就崩解？

第2個理由是，陸地的地形較海洋「凹凸不平」，所以**颱風的風與地表之間會產生巨大的「摩擦」**。摩擦會破壞颱風的漩渦結構，削弱其威力。

但是雲層依舊沒有散去，因此在遠離中心、意想不到的地方，有時會出現猛烈降雨，必須特別注意。

4-17 登陸前的颱風

出處：向日葵即時Web

4-18 登陸後的颱風

出處：向日葵即時Web

37 颱風即使變成溫帶氣旋，也不一定會減弱嗎？

> 請問大家對颱風的印象是不是「只要變成溫帶氣旋就沒有威脅力了」？事實上這是個誤解。因為颱風即使變成溫帶氣旋，還是有可能成熟發展，千萬不可掉以輕心。

◎ 即使變成溫帶氣旋，也可能發展得很旺盛

簡單來說，颱風就是在赤道正下方的高溫、潮溼的空氣（赤道氣團）中形成的漩渦。這時完全只靠暖空氣形成，所以不會有鋒面伴隨而來。

但是，當颱風北上至中高緯度，有時就會與冷空氣對撞。如此一來，冷空氣與颱風的暖空氣之間就會形成「鋒面」，不久之後，轉變成暖鋒與冷鋒交會的一般低氣壓（溫帶氣旋）。

4-19 颱風與溫帶氣旋

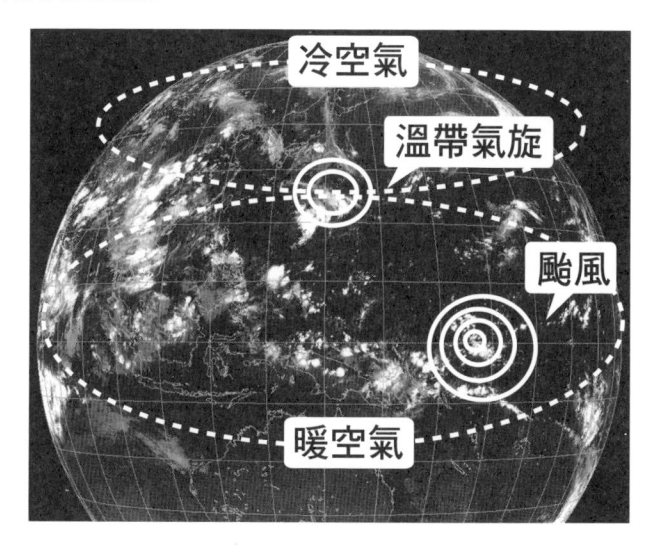

但是，颱風轉為溫帶氣旋時，**畢竟只是「結構改變」，所以和「威力減弱」不能劃上等號**。因為成為溫帶氣旋後，還有再次發展旺盛的可能。

◎ 溫帶氣旋的特徵

颱風造成的暴風圈、強風圈、猛烈降雨的範圍都會集中在颱風的中心附近。相較之下，溫帶氣旋的特徵是雨量和風速都不如颱風，但影響範圍較廣。

因此，當颱風轉為溫帶氣旋時，**必須慎防暴風與大雨的地區反而增加**。

另外，有鑑於曾經發生過在最盛期「沒有特別強調大小（以往會使用「中型」「小型」和「超小型」）」的颱風，抵達中高緯度後，在轉為溫帶氣旋之前，發展為「大型」「超大型」的情況，所以在此呼籲大家還是不可掉以輕心。

4-20　風雨分布的示意圖

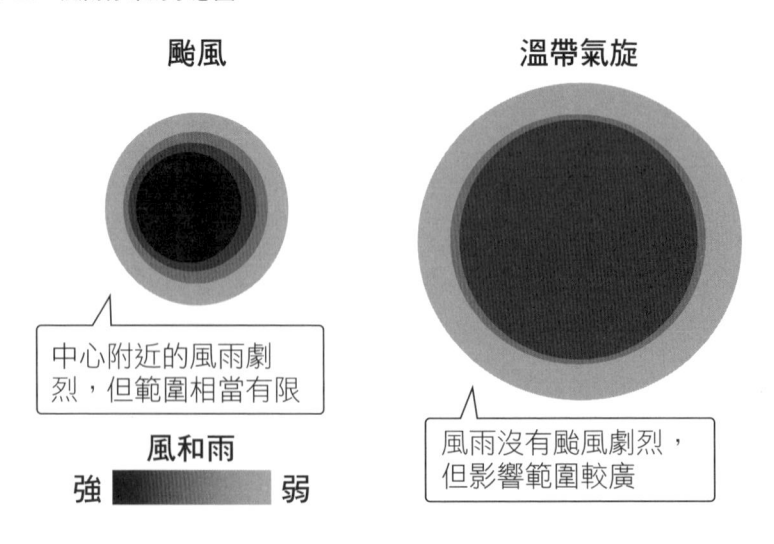

颱風　　　　　　　溫帶氣旋

中心附近的風雨劇烈，但範圍相當有限

風和雨　強　　　弱

風雨沒有颱風劇烈，但影響範圍較廣

第4章　認識何謂「颱風」

38 颱風會造成什麼樣的損害？

> 颱風會造成各種災害。除了風災和水災，還會引起風暴潮、大浪、土壤鹽化和焚風現象等。

◎ 來自颱風的潮溼的風會帶來大雨

如同前述，颱風由許多發展成熟的積雨雲所組成。所以颱風接近之處，理所當然會出現大雨和豪雨。

從另一個角度來看，颱風也可以說是位於赤道正下方、由大量高溫潮溼的空氣所構成。換言之，**即使沒有直接被包圍成颱風的積雨**

4-21　東海豪雨時的天氣圖（2000年9月11日）

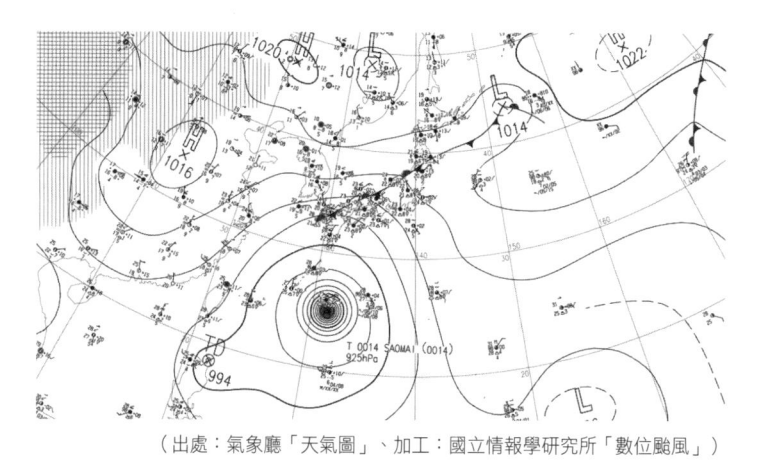

（出處：氣象廳「天氣圖」、加工：國立情報學研究所「數位颱風」）

東海豪雨[*1]是位於日本最南端的沖繩縣東南方附近的14號颱風所帶來的潮溼暖風所造成。

---

*1 「東海豪雨」是2000年9月在名古屋周邊發生的局部豪雨。名古屋的時雨量是97毫米（總雨量是567毫米）、東海市的時雨量是114毫米（總雨量是589毫米），均創下破紀錄的雨量。

133

雲，只要一個地方吹入了來自颱風的潮溼的風，這股風有時也會成為誘發局部大雨的契機。

◎ 風暴潮、湧浪、大浪

另外，颱風極低的中心氣壓也會造成暴風和風暴潮。

所謂的**風暴潮**，就是因氣壓低，使得從上推擠海面的空氣力量變小，導致海面異常上升的現象。情況嚴重時，海面上升的高度甚至會超過防波堤，引起海水入侵陸地的淹水，災損情況和「海嘯」類似。

4-22　發生風暴潮的機制

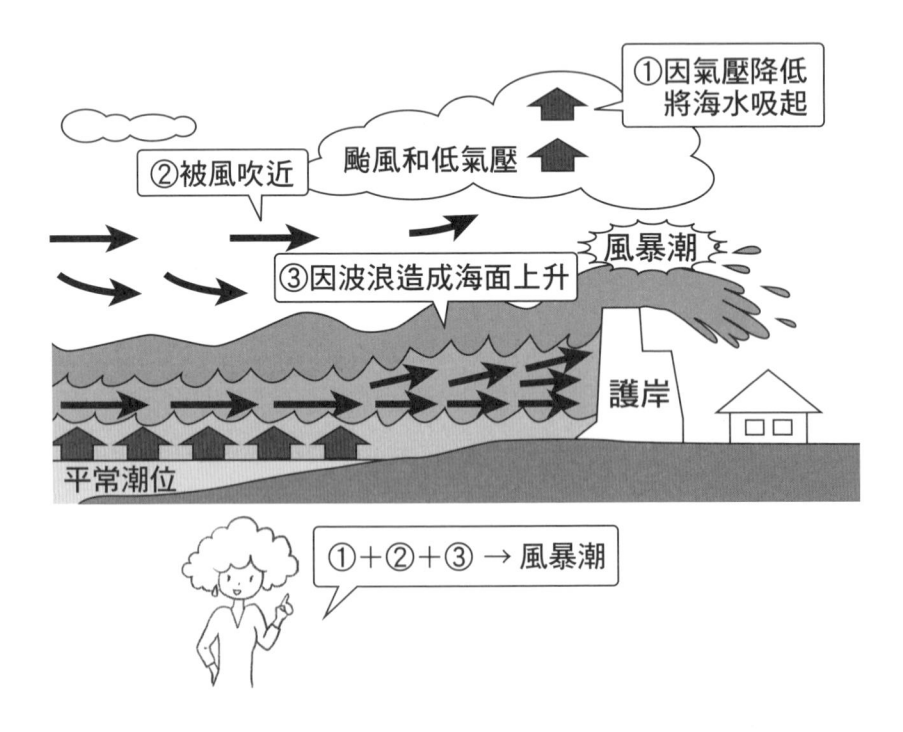

另外,「湧浪」「大浪」有時也會伴隨暴風出現。

所謂的**大浪**,是一種從颱風距離尚遠時,就開始漲落的獨特波浪。特徵是和一般的風浪相比,具有較長的「波長」,有時也會成為海水浴場遊客溺水發生的原因。

日本有句俗諺說「過了盂蘭盆節之後,千萬不可下海游泳」。可能的原因包括過了盂蘭盆節之後,南海上出現颱風的機率會提高,如果貿然跑到海水浴場去玩,難保不會遭到浪襲落海。

4-23　各種波長的浪(示意圖)

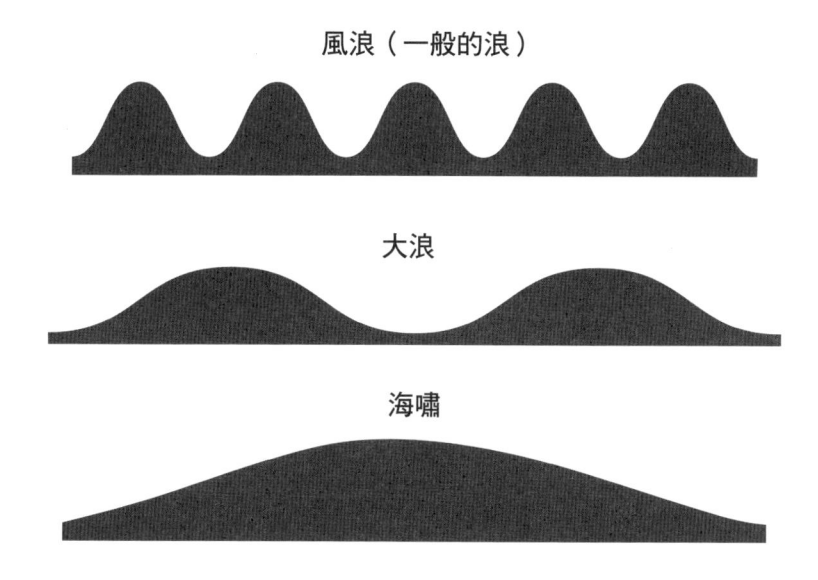

風浪(一般的浪)

大浪

海嘯

◎ 還有其他各種颱風造成的影響

以下為各位介紹幾個比較特殊的颱風。

2018年，關東地方的沿岸地區發生了大規模的**土壤鹽化**。原因是24號颱風（強烈颱風「潭美」）從海上吹起偏南的暴風，導致海水的鹽粒被吹散至內陸，最後傳出植物相繼枯死的災情[*2]。

不僅如此，鹽粒也附著在送電線上，造成原本的絕緣處變得容易使電流通過。除了冒出火花，嚴重者甚至也曾釀成火災[*3]。

暴風有時也會引起**焚風現象**，造成異常高溫。1991年9月28日，富山縣泊町受到正在穿越日本海的颱風（又名「蘋果颱風」）影響，出現了焚風現象，竟然在深夜創下了36.5℃的高溫紀錄。當時時值9月底，而且還是在深夜突然觀測到的數值，所以在當時也引起廣大的討論。

如同上述，颱風會引起各種氣象現象，甚至不時會在我們的生活中造成意想不到的災害。

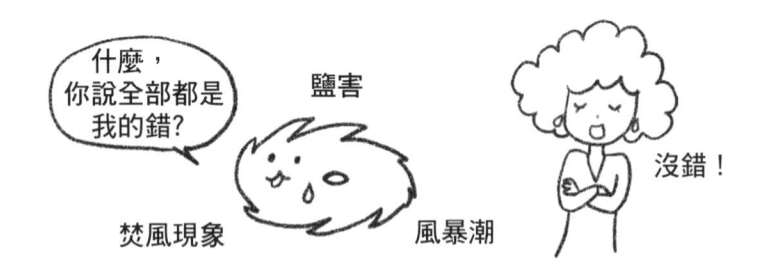

[*2] 除了部分生長在沙灘的植物種類，一般植物對氯化鈉的耐受力都很差。
[*3] 和淡水不同，食鹽水會導電。

專欄

4 如何做好有關氣象災害的災害防治工作

◎「注意報」「警報」「特別警報」的差異

不論是上述的哪一項,都會以每個地方自治體為單位,進行發布。

發布基準依地區而異,例如有些地區只要積雪累積至10cm深就會發布大雪警報,但也有些地區,即使累積到50cm深也不會發布警報。

發布的頻率也因地區而異,落差很大;以冬季的太平洋沿岸而言,千遍一律發布的都是乾燥的注意報,但日本海沿岸的話,幾乎只會發布雷擊注意報和大雪注意報。

如果在東京,發布暴風雪警報的機率微乎其微,而融雪注意報更是「尚未開張」。看到這裡,相信一定有人感到好奇,注意報、警報、特別警報這三者之間有何差異呢?

注意報

目的是提醒民眾有可能發生氣象災害的預報,言下之意大概是「請小心氣象災害」。

注意報的項目包括風雪、強風、大雨、洪水、大雪、雷、乾燥、濃霧、霜、雪崩、風暴潮、波浪、低溫、積雪、積冰、融雪。

警報

目的是提醒民眾有可能發生重大氣象災害的預報。言下之意大概是「請高度警戒氣象災害的發生」。一旦發布，媒體一定會上字幕提醒民眾注意。

警報的項目包括暴風、暴風雪、大雨、洪水、大雪、風暴潮、波浪。

特別警報

從2013年8月30日開始發布，屬於一旦幾十年一遇的緊急事態發生，而且有極高的機率引起非常嚴重的氣象災害時，向民眾示警的警報。它所要表達的意思非常簡單，就是「請保護自己的生命！」。

特別警報的項目包括暴風、暴風雪、大雨、洪水、大雪、風暴潮、波浪。

當中一次也未曾出現過的是「大雪特別警報」。2014年在關東甲信地方的豪雪、2018年的大寒冬都沒有出現。不僅如此，就算「發布38豪雪[*1]等級」再度出現也不會發布。由此可見，特別警報的發布基準似乎有重新檢視的必要。

[*1] 所謂的「38豪雪」是1963年（昭和38年）襲擊日本全國，在第二次世界大戰後極具代表性的豪雪。光是在北陸地方的平原地帶，積雪便超過300公分，造成許多村落的交通與對外通訊中斷，房屋受損的災情也很慘重。

◎「避難準備」「避難勸告」「避難指示」的差異

可能發生災難時，地方政府有時會下令市民，進行「避難準備（高齡者等開始避難）」「避難勸告」「避難指示（緊急）」。為了「保護自己的生命」，民眾確實有必要了解上述三者的差異。

以人命傷亡的可能性而言，「避難準備（高齡者等開始避難）」＜「避難勸告」＜「避難指示」。

避難準備（高齡者等開始避難）

警戒等級3。年長者、身障者、孩童等避難時需要更多時間的人與其協助者請開始避難。其他人須進行避難準備。

避難勸告

警戒等級4。請盡速前往安全的避難場所。發布於人命傷亡的可能性明顯升高的狀況時。

避難指示（緊急）

警戒等級4。請盡速前往安全的避難場所。發布於人命傷亡的危險性極高時，以及已經發生人命傷亡的狀況時。

如何免於受災害的侵襲（以大雨為例）

從平常……
開始下起有可能釀成豪大雨的雨

注意氣象資訊、天空的變化
・把握地勢比周圍低的地方等危險之處
・事先確認避難場所和避難路線

Point 目前的準備是否充分？

一旦雨勢轉強……
注意報

留意最新資訊，提早做好防災準備
容易受風雨影響的地區，避難不便者要提早行動！
・注意氣象資訊和室外的狀況
・確認逃生所需物品、避難場所和避難路線
・確認屋外的防災準備是否齊全

如果一直下大雨……
警報

注意當地政府發布的避難資訊，必要時盡速前往避難

Point 即使沒有發布特別警報也要及早行動！

雨勢變得更加激烈，而且沒有停歇……
緊急狀態
特別警報

立刻採取逃生行動
依照當地政府的避難勸告，立刻前往避難所避難！
如果外出很危險，便盡速移動到家中相對安全的地方

「離家避難」的必要性因「居住位置」「居家結構」「是否已經淹水」而異，所以冷靜判斷很重要，請好好思考該怎麼做才能確實逃生。

Point 冷靜判斷最重要
請依照周圍的狀況採取行動！
已經淹水了，非常危險！

出處：氣象廳「特別警報宣導海報」
http://www.jma.go.jp/jma/kishou/know/tokubetsu-keiho/image/leaflet2.pdf

第 5 章
學習「氣象災害、極端天氣」

39 為什麼「游擊式豪雨」愈來愈多？

所謂的「游擊式豪雨（雷雨）」，指的是突然降下的猛烈陣雨和雷雨。不過這是媒體創造的詞彙，並不是正式的氣象用語。

◎ 數值預報的極限

最近不時在氣象報導中聽到「游擊式豪雨」。簡單來說，這是局部豪雨的一種，會用「游擊式」來形容，也是為了表達這種突發性的局部性大雨，難以正確預測的特徵[*1]。

不過，有部分的氣象預報員，並不喜歡「游擊式豪雨」「游擊式雷雨」這些用語。理由是這類降雨只要有確實的根據就能預測，並不是真的是「游擊式」。

問題是，大多數的民眾會對類似「今天午後各地可能會下雷雨」這種無法精準預測的天氣預報頗有微詞。但這點偏偏是數值預報[*2]的罩門，也稱得上是氣象業界今後要努力解決的課題吧。

◎ 一點小事也可能成為契機

游擊式豪雨是以發展旺盛的積雨雲和聚集成群的積雨雲所形成的降雨。如果大氣的狀態非常不穩定，積雨雲便會在短時間內快速發展。遠看就像一顆以倍數成長的巨大蘑菇。如果被這樣的雲層籠罩，即使幾十分鐘前還是大晴天，也可能突然降下猛烈陣雨，讓人措手不

[*1] 入選2008年年度十大新語、流行語大賞。
[*2] 所謂的數值預報，就是利用電腦計算預測未來的大氣狀態的方法。氣象廳使用的是科學計算用的超級電腦。詳情請參照P.201。

及。

　　積雨雲急速發展的條件是大量潮溼的溫暖空氣，與其他氣團碰撞等。總之，不論起因為何，一定要有上升氣流。

　　這裡所說的「起因」，不一定要像發展成颱風和鋒面等那種顯而易見的原因。即使只是風撞到高樓等不值一提的小事，也可能成為肇因的情況並不少見。

　　不論是什麼原因所造成，都不會改變必須具備龐大能量的事實。雖然現代的科技十分發達，但目前還是無法以人造雨的方式，大幅影響降水的過程[*3]。

5-1　帶來游擊式豪雨的積雨雲

筆者攝影

[*3] 以人為方式改變的代表性例子是原子彈爆炸。當年在廣島投下原子彈時，空中也同時出現聳立的巨大蕈狀雲。這些蕈狀雲立刻化為積雨雲，降下「黑雨」。另外，因阪神大地震引起火災時，也曾經形成局部的積雨雲。

◎ 線狀對流

游擊式豪雨有好幾種類型,其中在最近幾年備受矚目的是**「線狀對流」**。因為積雨雲就像大樓林立高聳於天際,所以也稱為「後造（Back Building）型」降水系統。

5-2　後造型降水現象

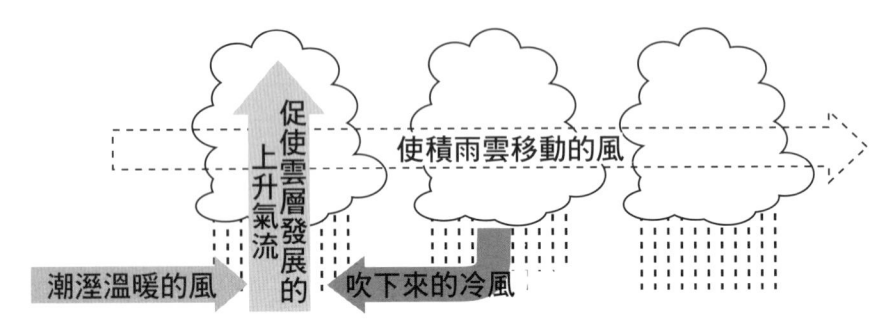

從積雨雲吹下來的冷風,與潮溼溫暖的風互相碰撞後,不斷形成新的積雨雲

一片積雨雲的壽命是1小時,而當多數的積雨雲排列成線狀,持續通過同一個地方,為該地區帶來大量的雨量時,這種降水就稱為線狀對流。

起因是潮溼溫暖的風,與伴隨著積雨雲內部的下沉氣流所產生的冷風,不斷在同樣的地點碰撞而產生,所以稱得上是從積雨雲發展出更多的積雨雲。

2018年的西日本豪雨[4]、17年的九州豪雨[5],以及05年的杉並豪雨[6],都屬於此類型的豪雨。

---

[4] 正式名稱為「平成30年7月豪雨」。因受到活躍的梅雨鋒面影響,從2018年6月28日開始到7月8日,以西日本為主,在全國各地降下大範圍的豪雨。部分原因和颱風過後所留下的潮溼暖空氣有關。和九州北部豪雨相比,積雨雲的高度低出許多,但是降雨範圍極廣,導致災情擴大（罹難者224名）。

[5] 因受到活躍的梅雨鋒面影響,2017年7月5日與6日,在福岡縣、大分縣、佐賀縣等地降下的集中豪雨。福岡縣朝倉市的時雨量達129.5mm、單日雨量達516.0mm。發展得極為旺盛,高度達15km以上的積雨雲也是成因之一（罹難者40名）。

◎ 超級胞

另外，比較不常在日本出現的還有「超級胞」。所謂的超級胞，就是所有積雨雲中，發展最為劇烈的一種；不但具備最完整的結構，發展得十分旺盛，而且壽命可延長至好幾個小時。其主要特徵包括如果形成好幾萬個超級胞，就會伴隨著猛烈的雷擊，降下大粒的冰雹，甚至還有龍捲風和破壞性的強風（下擊暴流），除了降水量，其他各方面的表現也非常「狂暴」。

1999年7月21日的「練馬豪雨」（創下東京的時雨量達131mm的最高紀錄），以及在2000年7月4日重創東京都心，伴隨著冰雹降下的時雨量82.5mm（104.0mm）的雷雨，應該都屬於此類型。

◎ 熱島效應

都市化所引起的「熱島效應」因為成為游擊式豪雨的起因之一，最近幾年也備受矚目。

所謂的熱島效應是隨著冷氣與柏油路的普及率提高、人口密度提高等，增加地表蓄熱，造成都市地區的高溫化，即使到了夜晚氣溫也不見下降的現象。

這些不斷累積的熱與水蒸氣可說是促使都市地區突然積雨雲密布、游擊式豪雨漸增的關鍵。

---

*6 發生於2005年9月4日，以東京23區西部為主的局部豪雨。都內7個觀測所觀測到的時雨量達100mm以上，善福寺川與明正寺川等8條河川氾濫，以杉並區和中野區為主，有5000棟以上的房屋淹水。目前正朝著將「善福寺川調整池」地下化等方向研擬對策。

40 「龍捲風」是怎麼發生的？

龍捲風雖然是很罕見的氣候現象，但每一次發生，都可能造成生命與財產的損失。接著一起看看它的特性與值得注意的地方吧。

◎「藤田級數」是用來量度龍捲風強度的標準

龍捲風是很少發生的氣象現象。我相信大部分的人，一輩子應該一次也不曾親眼目睹。因為如果不巧遇上了，很可能遭受嚴重的傷害。

舉例而言，我相信只要看過1990年的茂原龍捲風[*1]的災後照片，一定會對現場宛如遭受空襲，滿目瘡痍的慘況感到十分震驚。龍捲風的強度以 **F（藤田級數）** 表示，以日本而言，目前沒有發生過F4以上等級的龍捲風，即使是茂原龍捲風，強度也只有F3。

5-3 茂原龍捲風的災後景象

出處：內閣府「防災資訊網頁」
http://www.bousai.go.jp/+kaigirep/houkokusho/hukkousesaku/saigaitaiou/output_html_1/case199001.html

*1 「茂原龍捲風」是1990年12月11日19點13分左右在千葉縣茂原市發生的龍捲風。大約在7分鐘內就貫穿市中心，在最大寬度為1.2km、長約6.5km的範圍內造成重大災情。罹難者1名，房屋全損加半損共有243戶。

5-4 藤田級數

等級	預估災情
F0	風速17~32m/s（約15秒間的平均）：煙囪斷裂、小型樹木被折斷、道路標誌被吹歪、樹根較淺的樹木傾倒。
F1	風速33~49m/s（約10秒間的平均）：屋頂被吹飛、玻璃破裂、車子移位。
F2	風速50~69m/s（約7秒間的平均）：住家的牆壁被吹飛、車子被吹著跑、大樹被扭曲折斷、電車脫軌。
F3	風速70~92m/s（約5秒間的平均）：房屋倒塌。鋼筋混凝土及結構的房子也難以倖免。非住家的建築物被扯呈粉碎。車子也被吹上天。
F4	風速93~116m/s（約4秒間的平均）：房屋被吹成瓦礫。電車也被吹上天。連重量超過1噸的重物也被吹起。發生難以置信的情況。
F5	風速117~142m/s（約3秒間的平均）：建築物被吹到只剩下地基。電車和車子被吹到遙遠的上空轉來轉去。

一想到如果遇到F3、F4、F5強度的龍捲風，恐怕只能聽天由命，想必大家都會覺得毛骨悚然吧[*2]。

◎ 龍捲風的形成機制

那麼，如此讓人聞風喪膽的龍捲風，到底是如何發生的呢？

龍捲風也是伴隨著積雨雲所發生。沒有隨著積雨雲發生的稱為

[*2] 在日本，只要提到「可怕的自然災害」，大家馬上想到的應該都是地震。不過在美國，大部分的人想到的卻是「龍捲風」。因為龍捲風強大的破壞力，美國不但有推出龍捲風保險，也設有地下避難室。

「塵捲風」，一般而言其風速明顯低於龍捲風。一般認為龍捲風形成的機制如下列兩項：

第一是因為某個原因使**上空的積雨雲中，產生了空氣稀薄之處。而為了填補這個空洞，地上的空氣就會被強力吸到上空**。被吸起來的空氣會產生漩渦，最後成為龍捲風。為了方便理解，各位不妨想像有一台巨大的吸塵器從天而降的樣子。

第二是**當上升氣流在地表附近氣流不斷旋轉之處（此處稱為中氣旋）變重時，就會把這個「正在旋轉的風」整個捲起**。在被舉升的過程中，風旋轉的半徑逐漸縮小，而風速卻逐漸增大，最後成為龍捲風。在溜冰場溜冰時，只要採取雙手抱胸的姿勢，速度就會變快，和龍捲風形成的原理如出一轍。發布龍捲風注意資訊時，目前都是使用一種名為都卜勒雷達的特殊雷達進行監測。

◎ 當龍捲風接近的注意事項

如同前述，**龍捲風通常伴隨積雨雲形成所發生，所以當颱風、強烈的低氣壓、冷鋒、夏季雷雨出現時，必須格外當心**。尤其是形成於颱風的東北側的積雨雲，更須提高警覺，因為此處有時會同時發生多起龍捲風。

氣象廳會在預測龍捲風發生的前一小時發布**「龍捲風注意資訊」**，不過即使發布了這份資訊，**實際發生龍捲風的機率大約是7～14%**。相信各位從這個數據，不難想像預測的困難度之高。

如同前述，龍捲風都是隨著颱風接近日本時形成，所以發生龍捲

5-5 須注意颱風的東北側

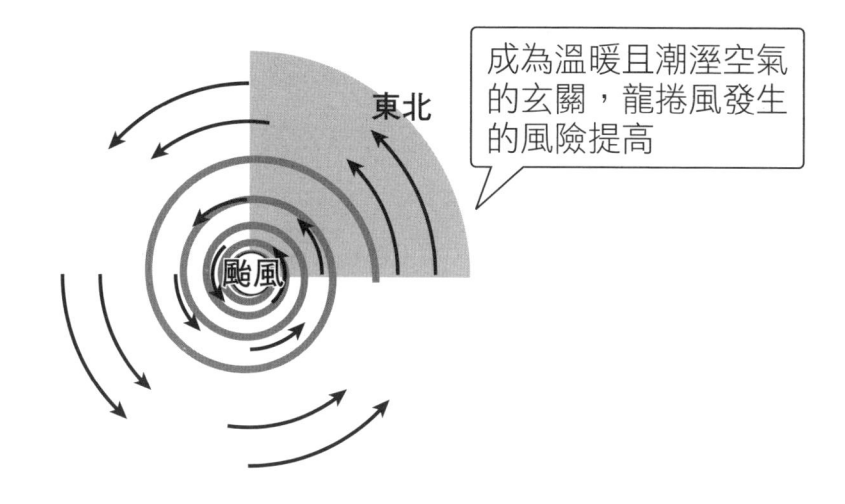

東北

颱風

成為溫暖且潮溼空氣的玄關，龍捲風發生的風險提高

風的高峰期是9月。

發生地點以與地面摩擦較少的沿岸、海上和平原居多，發生的內陸的機會很罕見。

日本一年平均發生的龍捲風大約是17個（1991～2006年的統計），相較於美國大約是1300個（2004～2006年的統計），無疑是小巫見大巫。不過，如果換算成單位面積，日本發生的龍捲風，數量大約是美國的1/3，如此一來，雙方的差距就沒有純粹比較數字時那麼懸殊了。

美國發生龍捲風的頻率之所以高，一般認為的主因是當地有很多廣闊的平原，地面起伏不大，所以產生的摩擦較少。

5-6　日本各月份發生龍捲風的總數

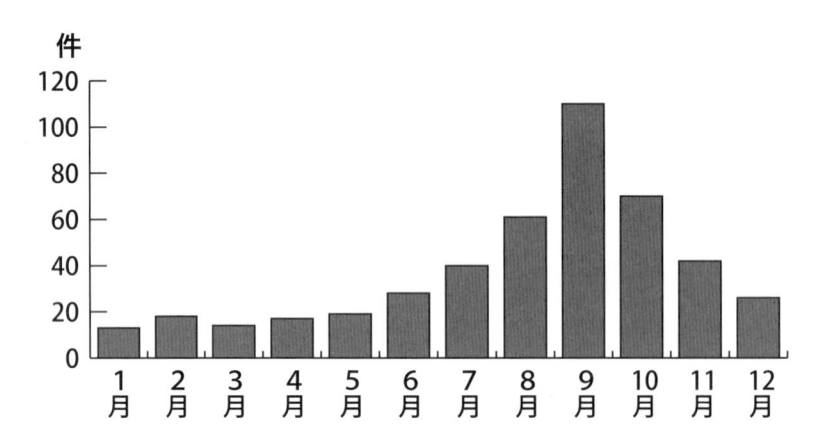

件
120
100
80
60
40
20
0
1月　2月　3月　4月　5月　6月　7月　8月　9月　10月　11月　12月

※在「龍捲風」以及「龍捲風或塵捲風」的事例當中，在水上發生，但之後並未登陸的事例（意即去除所謂的「海上龍捲風」的統計數字）

出處：氣象廳官網 http://www.data.jma.go.jp/obd/stats/data/bosai/tornado/stats/monthly.html

◎ 龍捲風注意資訊

當氣象廳預測會發生因龍捲風和塵捲風造成的猛烈強風時，為了提高民眾的警覺，從2008年開始發布**龍捲風注意資訊**[*3]。

發布「龍捲風注意資訊」後，請各位不時抬頭看看天空，確認是否有厚實的積雨雲接近。具體而言，**請確認天空是否出現烏黑的雲，使周圍突然變暗。以及是否聽到雷鳴；如果有聽到，是否看得到閃電、有沒有感覺有冰冷的風吹來、是否降下大顆粒的雨滴和冰雹。**

◎ 如果遭遇龍捲風

為了避免龍捲風造成的災害，出現積雨雲變得發達、靠近等前兆

---

*3　畢竟只是當作補充雷擊注意報的「注意資訊」發布，所以不會單獨發布龍捲風注意資訊。

時,最重要的是盡速進入堅固的建築物避難。

如果龍捲風接近避難建築物,請記得遠離玻璃窗,和地震來襲時一樣,最好躲在桌子底下。

5-7 階段性發布的龍捲風注意資訊

時機	發布的資訊內容
半日~1日前	發布「氣象資訊」。明確記載「有發生龍捲風等猛烈強風之虞」。
幾小時前	發布「雷擊注意報」。除了雷擊、冰雹等,也包括「龍捲風」。
0~1小時前	發表「龍捲風注意資訊」。通知容易發生龍捲風的氣象資訊。
隨時 (每10分鐘)	隨時發布「龍捲風發生準確率即時預測」。以2階段的準確率表示龍捲風等強風發生的可能性。

以政府線上廣報為依據所製表 http://www.gov-online.go.jp/useful/article/200805/5.html

5-8 龍捲風接近時的避難行動

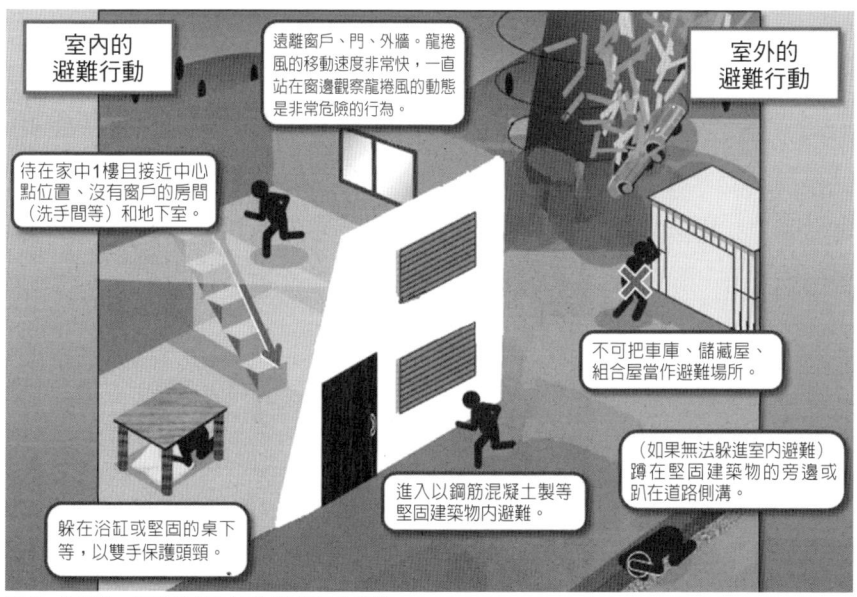

出處:內閣府・氣象廳「避免受到龍捲風的襲擊」
http://www.bousai.go.jp/fusuigai/tatsumakikyokucho/pdf/h25-t/tatsumaki2.pdf

5-9　龍捲風等發生分布圖

龍捲風等在
日本全國各地都會發生

1991~2015年
出處：氣象廳官網

【近年的龍捲風災情案例】

■茨城縣常總市~筑波市：2012年5月6日，伴隨著發展旺盛的積雨雲發生。約有1250棟建築物損毀。栃木縣約有860棟房屋毀損以及國中男學生死亡。藤田級數3。

■北海道佐呂間町：2006年11月7日，在冷鋒過境時發生。發生於龍捲風不常發生的北海道鄂霍次克海沿岸。罹難者9人。藤田級數3。成為開始發布「龍捲風注意資訊」的契機。

■千葉縣茂原市：1990年12月11日，受到強烈低氣壓的影響，伴隨著雷雨一起發生。造成慘重災情，連10順重的卡車也被吹倒。藤田級數3。

41 「突然颳起的暴風（突風）」和龍捲風有何不同？

相較於伴隨著積雨雲的出現，靠著上升氣流產生的「龍捲風」，另外有一種風則是因從積雨雲向下吹強烈的下沉氣流所產生，在日文中把這種風稱為「突風」。

◎ 這種風相當於「非常強烈的颱風」

「突風」 與龍捲風非常相似。如同前述提到「龍捲風注意資訊」時，講法是「龍捲風」等。簡單來說，龍捲風注意資訊提到的除了龍捲風，也可能是突風。那麼，突風究竟是什麼呢？

5-10 下擊暴流的示意圖

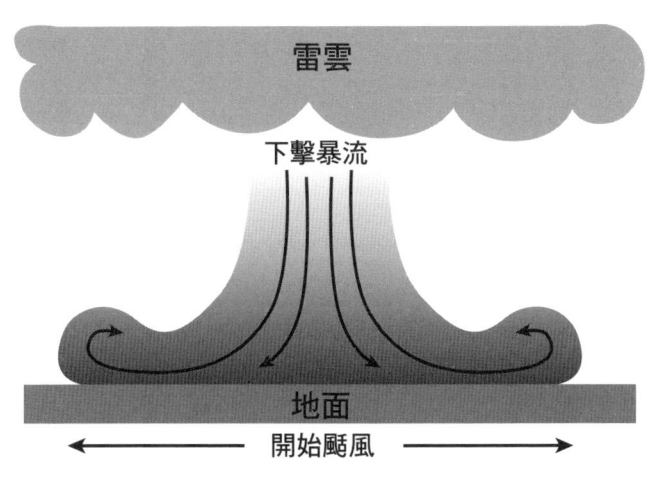

颳起幾百公尺~10公里左右的大範圍的強風，特徵是受災地區的分布呈往外擴散的圓形或橢圓形。

隨著積雨雲的出現，在局部地區吹起破壞性強風的突風，又稱為**「下擊暴流」**。

如下擊暴流的名稱所示，就是空氣猛力地從積雨雲中落下，到達地面後向四面八方擴散，產生強風的現象。下擊暴流會造成嚴重的破壞，其風速有時會超過50公尺，等級堪稱「非常強烈的颱風」，這就是隨著積雨雲產生的突風的真面目。

◎ 空氣團從天而降的原因

為什麼空氣會突然從積雨雲中降落地面呢？暖空氣很輕，但變冷時，密度就會增加，跟著變重。換句話說，原因在於積雨雲中形成了溫度非常低的冷氣團。

當下擊暴流撞擊地面往四方擴散時，前端稱為**陣風鋒面**（Gust front）[2]。陣風鋒面的作用類似冷鋒，不時會產生上升氣流，促成新的積雨雲形成。

下擊暴流來襲時，幾乎不會造成聲響。但往外探頭一看，周圍的建築物已經被壓扁的情況卻曾發生。

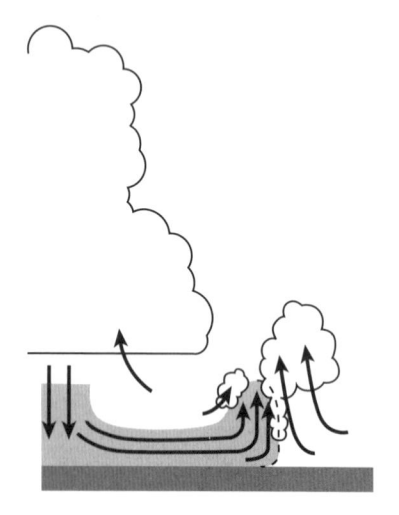

5-11 陣風鋒面的示意圖

就像冷鋒一樣，陣雨鋒面也會促成新的積雨雲形成

---

[1] 如果積雨雲中存在著乾燥的空氣，水滴和冰晶就會不斷蒸發，奪取汽化熱。接著一旦形成非常冷（重）的空氣團，就會猛力掉落。

[2] Gust的意思是「突然颳起的暴風」。

42 為什麼炎熱的日子會降下「冰雹」？

> 在初夏和夏季炎熱的日子裡，有時會伴隨著雷擊，突然從天猛烈降下「冰雹」。如果降下大量的冰雹，地面瞬間會變成雪白一片，所以偶爾也需要「除冰雹」。

◎「冰雹」和「霰」

下冰雹在日文稱為**「降雹」**。

冰雹和雪都是固態降水，但兩者的差異在於，冰雹是堅硬的冰塊，而且大小超過5mm。直徑小於5mm的稱為**霰**。

冰雹都是伴隨著猛烈的雷雨降下，日本的降雹高峰期是**初夏到初秋這段時間**，比較常見於關東北部到甲信地方的山區（夏季前後的期間）、北陸到東北的日本海沿岸（冬季前後的期間）[1]。

下雹的時間很短，大多在**10分鐘內**結束。而且是很強的局部性現象，有可能僅相隔約1公里，但兩處的災情卻有如天壤之別。

5-12 冰雹的實際大小

北之魔女／PIXTA

另外，雖然冰雹是來得快、去得也快的氣象現象，但別忘了積雨雲才是始作俑者。如果冰雹下得相當猛烈，也可能迅速在地面累積幾十公分的厚度，所以還是不可掉以輕心。

◎ 冰雹是如何產生的呢？

在炎熱的夏天下起冰塊，實在是非常不可思議的現象。雖然有些書的說法是「比起夏天，氣溫較低的春秋兩季更容易下冰雹」，不過以這幾年的關東地方來說，印象中即使在夏天也照下不誤。話說回來，為什麼會產生冰雹呢？

首先，請各位回想一下雲的形成機制。雲的形成與發展都是仰賴上升氣流。發展旺盛的雲，雲凝結核會變大，最後化為雨滴落下。但是，如果上升氣流增強，又會發生什麼事呢？

如果雨滴在落下途中遇到強烈的上升氣流，雨滴就會再度回到上空。上空的高處氣溫非常低，即使在夏季，也介於負30～60℃。所以回到高空的雨滴，會再次凍結成為「霰」。這些霰在降下的過程中，會使雲中的過冷水（低於冰點也不會結凍的水）凍結，同時逐漸變大。

上述的「降下與上升」一再重複之後，當強烈的上升氣流也無力支撐時，這些凍結的過冷水滴就會化為大顆的「冰雹」降下。

換言之，產生冰雹的必要條件，就是強勁的上升氣流。這也是為什麼冰雹會伴隨著夏天猛烈的雷雨降下的理由。

*1　僅就關東甲信地方而言，目前確認的2次高峰期分別在5月下旬與7月下旬。

5-13 下冰雹的機制

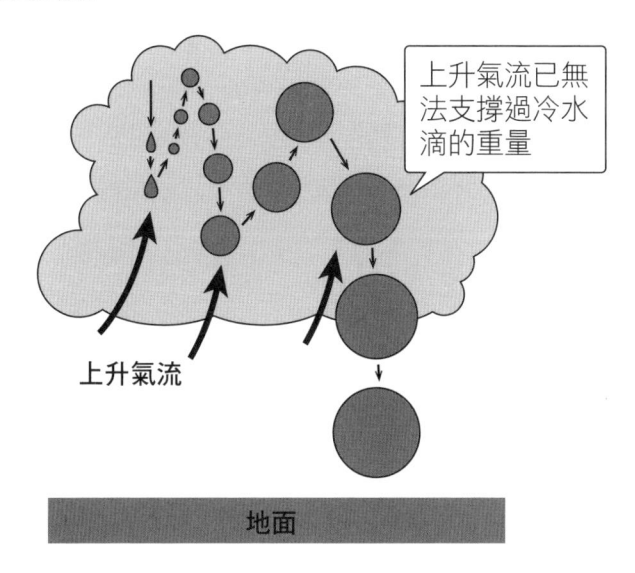

上升氣流已無法支撐過冷水滴的重量

上升氣流

地面

在積雨雲中反覆落下、上升的過程中逐漸成長

【下冰雹的案例】

■1917年6月29日：埼玉縣熊谷市降下直徑達29.5cm的巨大冰雹，創下世界紀錄。更驚人的是，顆粒較大的冰雹在地面撞出直徑約51.5公分的大洞。也有大量的冰雹擊破屋頂和遮雨窗，掉入屋內。據說冰雹的形狀為平坦的球狀，周圍往內捲，看起來像牡丹花的形狀。

■2000年5月24日：在茨城縣南部與千葉縣北部降下的冰雹，有部分的大小和小橘子差不多。受傷者130名，受損的建築物超過2萬9千棟，農作物的損失金額超過日幣66億。民眾負傷的主要原因除了遭冰雹擊傷，還有被破損的玻璃窗割傷。其他損害包括門被砸出洞、電表的厚玻璃被冰雹砸個粉碎等。

■2014年6月24日：東京三鷹市等地降下猛烈的冰雹。宛如下大雪般，路面變成雪白一片。車子無法通行，只能出動重機械與鏟子進行「剷雹」作業。

43 什麼是「焚風現象」?

平常很少出現高溫的北陸的日本海沿岸和北海道等地,偶爾也會創下令人難以置信的高溫紀錄。這樣的異常高溫是由所謂的「焚風現象」引起。

◎ 北海道在 **5月出現39.5**℃的高溫!

2019年5月26日,在日本有些地方觀測到異常的高溫。包括北海道佐呂間町的39.5℃、帶廣市的38.8℃。明明不是盛夏,卻觀測到將近40℃的高溫,可說是史無前例。

造成如此異常高溫的原因有好幾項,除了天氣晴朗與上空流入了暖空氣,「焚風現象」的發生也是主要推手。

不論是哪個季節或哪個地區,**只要觀測到「異常高溫」,幾乎都和焚風現象脫不了關係**。聽起來有如洪水猛獸般可怕的焚風現象,究竟是什麼樣的現象呢?

◎ 只要翻山越嶺,氣溫就會上升

簡單來說,焚風現象是一種只要空氣越過山脈來到背風面,氣溫就會升高的奇特現象。舉例而言,原本在山的迎風處、氣溫為20℃的空氣,翻山越嶺之後,在背風處的溫度就可能提高到26℃。那麼,為什麼會發生這樣的現象呢?

空氣只要因上升氣流舉升,大約每爬升100公尺會降溫0.6℃,但

第 5 章　學習「氣象災害、極端天氣」

如果遇到下沉氣流而下降，溫度也大約會提高0.6℃。嚴格來說，0.6℃並不是很精準的數字，因為有時是0.5℃，甚至也有1℃的時候。這樣的落差會產生「可能會凝結[*1]，也可能不會」的狀態，說穿了就是關係到雲是否會形成。

上升氣流如果在促成水氣凝結成雲的同時，沿著斜坡爬上山，就會排出凝結熱[*2]，導致氣溫的下降變得遲緩，每100公尺只會降溫0.5℃。但是，**空氣在晴朗無雲的日子沿著斜坡上山、下山，每100公尺的降溫、升溫可達1℃。**

5-14　水的狀態變化

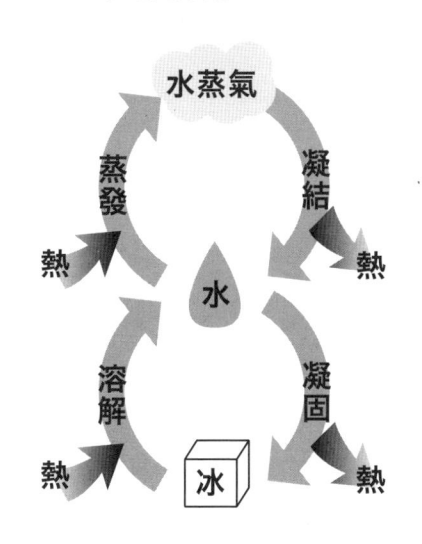

◎ 氣溫上升的機制

接著，請各位一起想想「在天氣晴朗無雲，地表氣溫為20℃的時候，原本在高度800公尺的地方凝結的空氣，如果越過2000公尺的高山會發生什麼事」這道題目。

在高度為800公尺凝結，代表一路抵達之前都是晴朗的天氣，所以每100公尺會降溫1℃。換句話說，在升到800公尺高之前，氣溫已經下降到12℃（20-8）。之後從800公尺高到2000公尺高的這1200公尺，因為每100公尺只會降溫0.5℃，計算出來的結果是6℃（12-

---

*1 所謂的「凝結」，就是氣體轉變為液體（水蒸氣變成液態的水）。
*2 水變成氣體時會奪取熱，恢復成液體時會釋出熱，這時釋出的熱稱為「凝結熱」。

159

5-15 焚風現象的機制

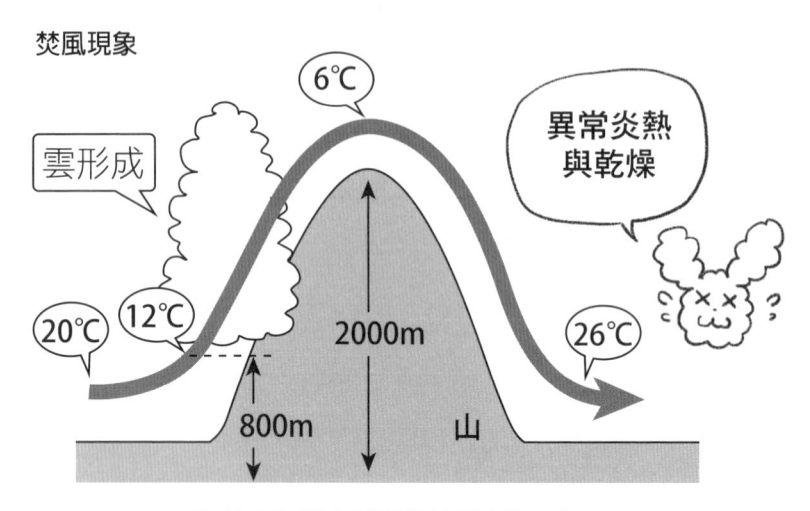

焚風現象

雲形成

異常炎熱與乾燥

20℃　12℃　2000m　6℃　26℃

800m　山

20℃的空氣攀山越嶺後就提高為26℃

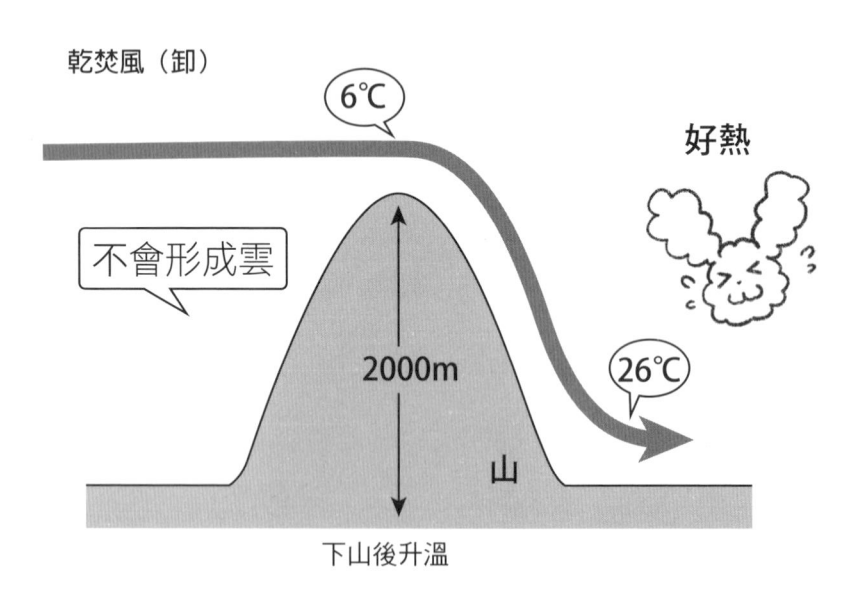

乾焚風（卸）

6℃

好熱

不會形成雲

2000m　26℃

山

下山後升溫

所謂的乾焚風，就是不會伴隨相變（水蒸氣→水、水→水蒸氣），雲無法在山的迎風側形成的乾燥焚風，在日文中也稱為「卸」。

〔0.5×12〕）。

之後，越過山脈以後，因為下沉氣流的關係，雲就消失了。在沒有雲的狀態下降2000m後，氣溫就升高到26℃（6+〔1.0×20〕℃）。

以上就是原本20℃的空氣，越過山脈後變成26℃的機制。

接著看看2019年5月26日的風向。佐呂間、帶廣都是吹偏西風，所以風是從山上吹下來。說得更精準一點，這兩地都屬於雲無法在山的迎風側形成的「乾燥焚風」。

【因焚風現象所創下的各項紀錄】

■1991年9月28日：在富山縣泊深夜突然觀測到36.5℃

■1993年5月13日：埼玉縣秩父為37.2℃、東京都八王子為37.1℃。創下5月份氣溫的最高紀錄。

■2004年4月22日：各地都出現破紀錄的高溫。在東京的4月份氣溫史上，創下第2名的28.9℃的紀錄。

■2010年2月25日：大阪23.4℃、北海道宇登呂也有15.8℃（為2月的觀測史上最高溫）、青森17.1℃（為2月的觀測史上最高溫）。

■2013年3月10日：關東等地的氣溫變得有如7月上旬般溫暖（炎熱）。練馬區28.8℃、東京都心25.3℃。東京發生「霾」，也因此造成小小的騷動，讓人以為「世界末日就要來了嗎？」。

■2018年7月23日：在熊谷創下日本有史以來的最高紀錄41.1℃。

■2019年5月26日：本書也提到的北海道佐呂間町、帶廣市也分別創下39.5℃和38.8℃的高溫紀錄。

44 夏天真的會愈來愈熱嗎？

> 近幾年的夏天，因中暑而送醫的人數不斷增加，而且印象中，也不時出現即使到了夜晚，依然燠熱難耐的日子。所以，夏天是不是真的會一年比一年熱呢？

◎ 平均溫度不斷上升

現在只要到了夏天，幾乎沒有人可以忍受沒有冷氣的日子。相信很多人對夏天也抱著「好像愈來愈熱」的印象。以下先為各位介紹氣象廳公布的數據。

以東京而言，1年之間的最高氣溫是**明治時代的33~34℃**。在當時，一整年連1天超過35℃的「猛暑日」都沒有是很稀鬆平常的事。然而，**進入平成時代以後，平均溫度提高到36~37℃**，由此可知氣溫確實上升了3℃左右[1]。

◎ 3℃的差距造成驚人的差異

尤其在高溫和暑氣逼人時，**即使僅有3℃的差異，人體感受到的體感溫度卻是截然不同**。如果是31℃，還算是一般人覺得可以勉強忍受的炎熱程度，但一旦提高到34℃，許多人就開始汗流不止，即使拿起扇子搧風，卻愈搧愈熱。說到平均溫度差3℃，剛好是鹿兒島和東京的差異。換句話說，**現在東京的夏天，和鹿兒島夏天以往的氣溫差不多**。

---

[1] 準確來說，也必須考慮觀測地點會移動等其他因素，這裡說明的是範圍在可以無視這些差異以內的情形。

5-16 各都市的年平均氣溫

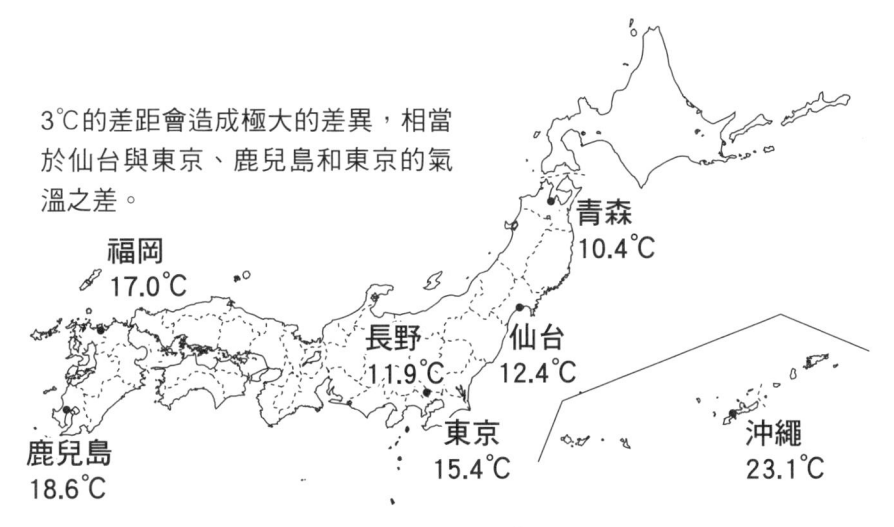

3℃的差距會造成極大的差異，相當於仙台與東京、鹿兒島和東京的氣溫之差。

福岡 17.0℃
青森 10.4℃
長野 11.9℃
仙台 12.4℃
東京 15.4℃
鹿兒島 18.6℃
沖繩 23.1℃

出處：依據氣象廳「AMeDAS（自動氣象數據採集系統）」製作

◎ 最高氣溫的紀錄終於被打破

接著讓我們看看日本的最高氣溫。1933年7月25日，山形市創下了**40.8℃**的紀錄。這個紀錄蟬聯了74年的冠軍，一直沒有被打破。

到了2007年8月16日，這個紀錄終於被歧阜縣多治見市與埼玉縣熊谷市的40.9℃打破。從此之後，如同這個紀錄後來在2013年8月12日被高知縣四萬十市江川崎的41.0℃、2018年7月23日熊谷市的**41.1℃**打破一樣，紀錄更新的時間變得愈來愈短。

◎ 預防中暑措施務必做到滴水不漏

話說回來，**這裡所說的「氣溫」，指的是在陰涼處和相當於人的視線高度之處所測定的溫度**。換句話說，向陽處和地表附近的溫度更高。

舉例而言，盛夏的柏油路和汽車引擎蓋等，滾燙的程度幾乎和油鍋沒有兩樣。所以頭部比成人更接近地面的幼兒和動物等，更需做好充分的預防中暑措施。

所謂的中暑，就是因熱所引起的各種身體不適。中暑在沒有直接曬到太陽的室內也可能發生，至於高危險族群包括運動不足、肥胖、體質怕熱的人。

代表性症狀有暈眩、臉部發紅、倦怠無力、想吐等。如果症狀持續惡化，甚至會出現昏迷、痙攣。一旦演變成重症就必須呼叫救護車，並且在就醫前待在陰涼處，並持續冰敷脖子、手腕、大腿等有重要血管流經之處。

為了預防中暑，基本的兩大對策是**補充水分**和**補充鹽分**[*2]。如果覺得「喉嚨好乾」，表示脫水症狀已經惡化到相當程度，所以一定要定時補充水分。尤其是孩童、高齡者、動物等。不過最好不要把咖啡和啤酒等飲料，當作「攝取水分」的來源。因為這些飲料的利尿作用很強，如果攝取過量，也只是很快就排出體外，幫助不大。

[*2] 汗帶有鹹味。原因是汗含有鹽分。換句話說，擦汗等於流失大量的鹽分，這也是為何補充鹽分很重要的理由。

第 5 章　學習「氣象災害、極端天氣」

5-17　疑似中暑時的確認要點

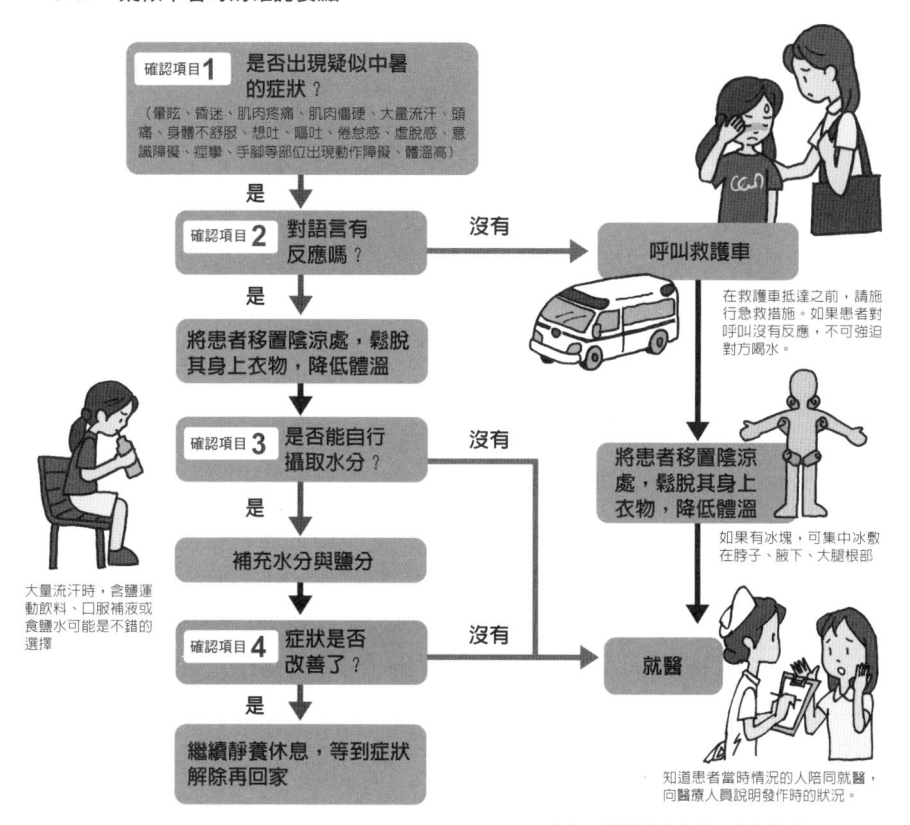

確認項目 1　是否出現疑似中暑的症狀？
（暈眩、昏迷、肌肉疼痛、肌肉僵硬、大量流汗、頭痛、身體不舒服、想吐、嘔吐、倦怠感、虛脫感、意識障礙、痙攣、手腳等部位出現動作障礙、體溫高）

↓是

確認項目 2　對語言有反應嗎？ ──沒有──→ **呼叫救護車**

在救護車抵達之前，請施行急救措施。如果患者對呼叫沒有反應，不可強迫對方喝水。

↓是

將患者移置陰涼處，鬆脫其身上衣物，降低體溫

↓

確認項目 3　是否能自行攝取水分？ ──沒有──→ 將患者移置陰涼處，鬆脫其身上衣物，降低體溫

如果有冰塊，可集中冰敷在脖子、腋下、大腿根部

↓是

補充水分與鹽分

大量流汗時，含鹽運動飲料、口服補液或食鹽水可能是不錯的選擇

↓

確認項目 4　症狀是否改善了？ ──沒有──→ **就醫**

知道患者當時情況的人陪同就醫，向醫療人員說明發作時的狀況。

↓是

繼續靜養休息，等到症狀解除再回家

出處：環境省「中暑環境衛教手冊2018」

我覺得一年比一年熱耶，原來不是我的錯覺……

45 「聖嬰現象」與「反聖嬰現象」的差異為何？

地球的表面積約有7成為海面所覆蓋，是不折不扣的「水的行星」。因此，海水的溫度變化，會大幅左右氣候的變動。接著讓我們一起看看海水溫度與天氣的關係。

◎ 水的行星-地球

P.34已經說明了「海水面較陸地不容易變得溫暖，也不容易冷卻」。我們居住的地球，雖然有些地方熱，有些地方冷，但溫度的變化很緩慢，所以氣候每年都能維持穩定，成為孕育生命的星球。

但是，如果海水面的溫度分布發生變化，巨大的高氣壓和低氣壓的分布也會跟著改變。結果造成全球的氣候發生變化，出現「異常氣候」。其中最具代表性的是「聖嬰現象」與「反聖嬰現象」。

◎ 祕魯外海的海水溫度與天氣的關係

所謂的「聖嬰現象」，簡單來說就是南美秘魯的外海的海水溫度，高出正常情況的現象。相反地，**所謂的「反聖嬰現象」，就是海水溫度低於正常情況**[1]。

在這個海域，冷水會從海底湧升，**當這種冰冷的湧升流變強時，就會出現「反聖嬰現象」，如果減弱，就會出現「聖嬰現象」**。目前是以±0.5℃以上判定是聖嬰還是反聖嬰，不過大規模的海水溫度異

---

[1] 聖嬰現象是西班牙文中「男孩」的意思，反聖嬰現象是「女孩」的意思。

166

常，可能會出現5℃以上的改變。

不論是聖嬰現象還是反聖嬰現象，仔細觀察不難發現，每次發生都存在個案差異。以日本的情況來說，最主要的特徵是**如果發生聖嬰現象，該年的夏季氣溫會變得比較低（冷夏），冬天也多半成為暖冬；如果發生反聖嬰現象，該年夏天會變得更熱，冬天變得更冷。**

主要原因是「聖嬰現象」發生時，西太平洋熱帶地區的海面水溫會變低，到了夏天，太平洋高氣壓的勢力變弱（冬天時西高東低的氣壓差距變小）。相反地，「反聖嬰現象」發生時，西太平洋熱帶地區的海面水溫會升高，到了夏天，太平洋高氣壓容易往北延伸（冬天時西高東低的氣壓差距變大）[*2]。

5-18 聖嬰／反聖嬰現象

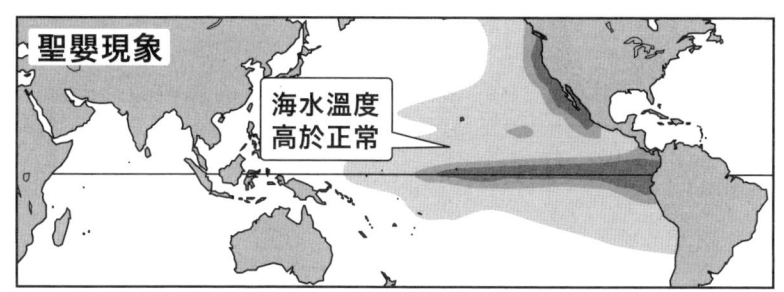

聖嬰現象　海水溫度高於正常

夏天和冬天容易分別變成冷夏與暖冬

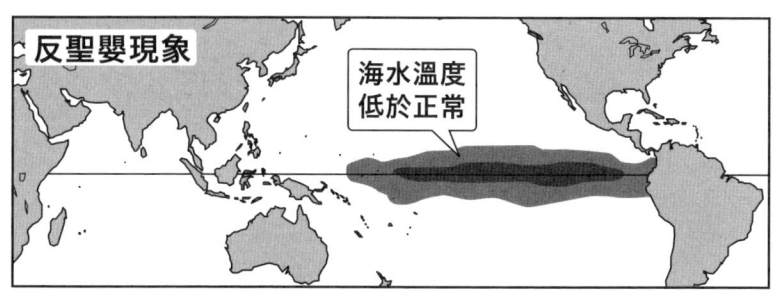

反聖嬰現象　海水溫度低於正常

夏天容易變得酷熱，冬天容易出現酷寒

[*2] 超級寒冬的2018年、異常酷熱的2010年、2007年的夏天都發生反聖嬰現象。大暖冬的2019年夏天、成為冷夏的2009年夏天則發生了聖嬰現象。

◎ 只要黑潮蛇行，關東就會下大雪嗎？

黑潮（日本暖流）是沿著本州南部往東北方向流動的暖流。黑潮若出現蛇行，有時會影響日本的氣候。

黑潮若是蛇行，最受到注目的是前述提到的「關東地方下大雪」。另外，首當其衝的是紀伊半島和東海地方會發生海平面突然上升的「風暴潮」現象；情況嚴重時，可能會持續發布風暴潮警報很長一段時間。

黑潮得名於海水的顏色比較深，而且挾帶的是營養價值濃度很低的「低營養鹽」，含有的浮游生物也少。這些異於其他海水的特徵，會使魚類棲息的水域產生變化，對水產業產生很大的影響力。

◎ 黑潮的蛇行所帶來的各種影響

日本近海棲息著約3700種魚類，眼放世界，也稱得上是資源豐富的海洋。之所以擁有如此豐富的海洋資源，主要原因之一是受惠於黑潮與**親潮（千島海流）**。

但是，黑潮蛇行也意味著流經日本近海的主要洋流，其流向會產生變化。這樣的改變也造成許多影響，例如在原來的漁場捕不到魚，或是突然捕到平常捕不到的魚。考慮到漁場的遠近與燃料費呈正比，所以漁撈的方法也必須隨著漁獲魚種變化與時俱進，對漁業從業人員而言無疑是嚴苛挑戰[1]。

說到受到黑潮影響，導致漁獲量減少的魚種首推吻仔魚。吻仔魚的漁場從關東一直延伸到東海的沿岸，受到黑潮大蛇行的影響，流向

---

*1　【參考1】NHK生活解説委員室「黑潮大蛇行 對生活的影響（生活☆解説）」http://www.nhk.or.jp/kaisetsu-blog/700/279354.html
　　【參考2】網路新聞「從去年持續至今的黑潮大蛇行、對今後的生活與氣象的影響是？」http://www.weathernews.jp/s/topics/201808/020165/

第 5 章 學習「氣象災害、極端天氣」

改為逆時針方向的強勁海流，把體型非常微小的吻仔魚沖到海面上。另外，黑潮的營養鹽成分少，不足以供應吻仔魚所需，這也是造成漁獲量減少的原因。

另外造成的影響還有，因水溫過高，造成海藻死亡，迫使鰹魚南下，以及在伊豆群島的八丈島近海，紅金眼鯛的漁獲量下滑至前一年的五成以下。

5-19 黑潮的蛇行與其影響

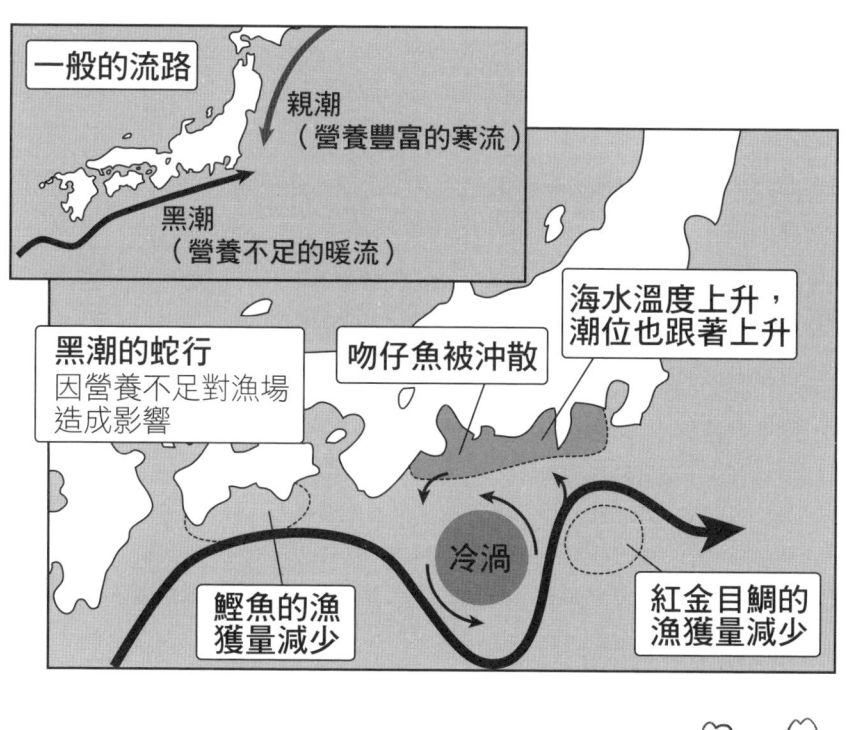

一般的流路
親潮（營養豐富的寒流）
黑潮（營養不足的暖流）

黑潮的蛇行
因營養不足對漁場造成影響

吻仔魚被沖散

海水溫度上升，潮位也跟著上升

冷渦

鰹魚的漁獲量減少

紅金目鯛的漁獲量減少

再這樣下去魚肉就要漲價了！

46 「地球暖化」真的持續進行嗎？

這幾年的氣溫顯著上升，相信很多人對「極端天氣」的現象都很有感。究竟極端天氣和地球暖化有著什麼樣的關係呢？請讓我一一為各位說明。

◎ 溫室效應氣體

2018年的冬天，日本全國歷經了前所未有的酷寒。除了東京在睽違48年之後再度觀測到-4℃的低溫，日本全國各地也明顯出現大雪和低溫的傾向。有鑑於此，有些人也開始懷疑「地球暖化真的持續進行嗎」。

讓我們回溯到更早的年代，看看是否有暖化的趨勢吧。

首先，讓我們一起看看明治時代的東京，一年之中有幾天冬日（最低氣溫低於冰點）吧。從圖表很快就知道平均大約是60~70天。

5-20 東京的冬日天數的變化

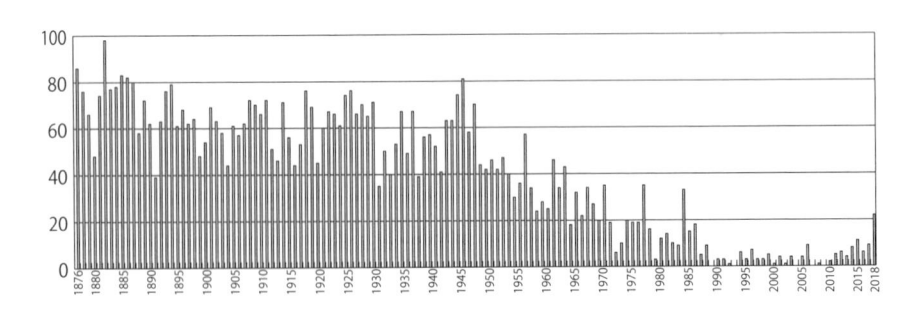

在東京氣溫低於冰點的「冬日」的天數已經大幅減少

即使是冬日較多的年份，最多也不會超過100天。相較之下，近幾年都是一年只有幾天，甚至還有掛零的時候。由此可見，暖化已經是無庸置疑的事實，而且愈演愈烈。

◎ **暖化的原因**

有關暖化的原因眾說紛紜。

第一是**二氧化碳濃度的上升**。二氧化碳和甲烷等溫室效應氣體，具備捕捉大氣中的熱，使熱能散失到太空的性質。這些溫室效應氣體被認為有防止輻射冷卻的作用，等於讓地球像蓋了一件毯子。

5-21 溫室效應氣體與地球暖化

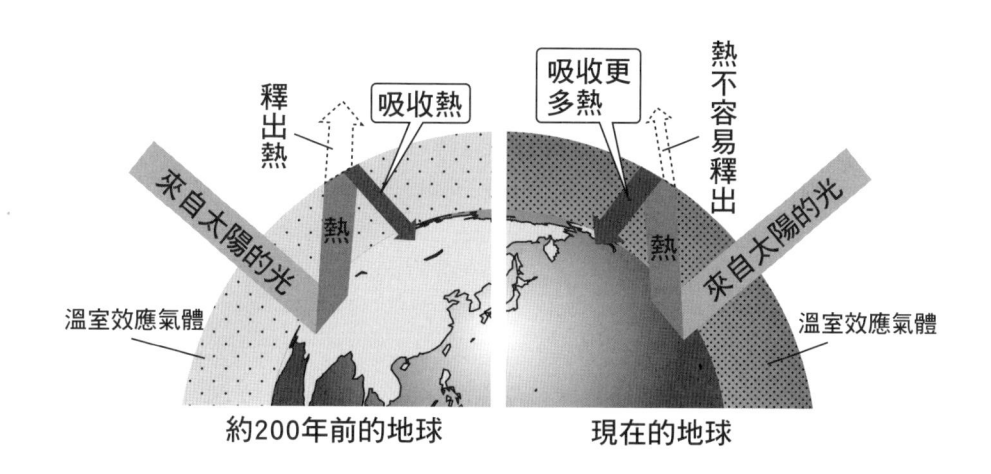

一旦二氧化碳的濃度提高，熱就不容易釋放於外太空，造成氣溫上升

但是有些人對於二氧化碳濃度的增加，是否是因為人類活動所造成這件事，抱持著質疑的態度。從工業革命和人口爆發的時間，與氣溫上升的時期一致來看，只能說和人類活動一定脫不了關係。

◎ 暖化所產生的變化

隨著地球持續暖化，空氣中的水蒸氣量也會不斷增加，提高降下豪雨的可能。而且海水溫度也會上升，所以還要擔心颱風容易生成的風險。北極和南極的冰河融化，導致海平面上升，迫使全球有些地區面臨著被海水淹沒的危機。

不僅如此，生物的分布也會受到影響。以日本的情況來說，在1940年代，原本僅分布在九州與山口縣的長崎鳳蝶[*1]，棲息地不斷向北擴大，到了2010年，長崎鳳蝶在整個關東地方都經常看到了。斐豹蛺蝶[*2]和鬼眼天蛾[*3]也出現同樣的傾向。

分布範圍變廣的，並不是只有蝶類這些可愛生物。埃及斑蚊[*4]之類的害蟲，分布範圍也逐漸變廣，說不定登革熱和瘧疾等由蚊子傳播的傳染病有一天會在日本大流行。

---

*1 鳳蝶科的蝴蝶，雄蝶的體色是純黑色，雌蝶的翅膀基部是紅色，帶有白色紋路。幼蟲以柑橘葉為食。原本廣泛棲息於東南亞和印尼等地，在日本的個體，分布範圍也逐漸從西日本向北擴大。
*2 蛺蝶科的蝴蝶，翅膀呈橘色，配有黑色斑紋。幼蟲的外型是「紅黑相間的毛蟲」，以深受園藝愛好者喜愛的大花三色菫為食。雖然外型看起來嚇人，實則無害。
*3 天蛾科的蛾。得名於背部有骷髏般的紋路。幼蟲以茄子、馬鈴薯、菸葉等植物為食，有些個體甚至可成長為體長約10cm的巨型毛蟲。
*4 棲息於熱帶地區。和日本的「斑蚊」一樣，雌蚊為了孵卵會吸血，被視為登革熱與黃熱病的媒介。

第 5 章 學習「氣象災害、極端天氣」

5-22 長崎鳳蝶

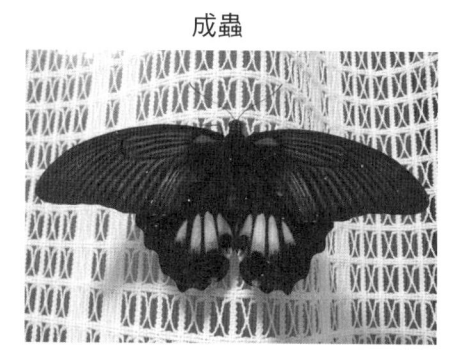

成蟲　　　　　　　　　　　　　幼蟲

皆為筆者攝影

5-23 長崎鳳蝶的分布區域

分布區域逐年北上

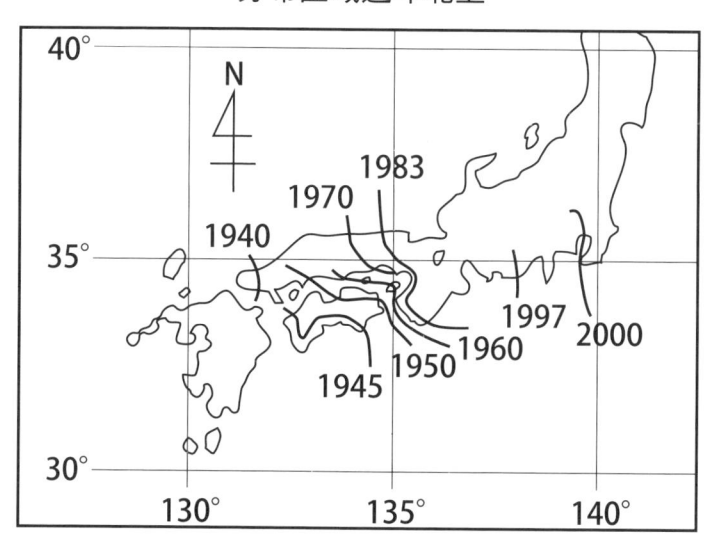

出處：地球環境研究中心「蝶類的分布區域北上現象與暖化的關係」
http://www.cger.nies.go.jp/publications/news/series/watch/6-14.pdf

173

櫻花也受到氣溫變化的影響而提早開花。舉例而言，原本1960年代從三浦半島到紀伊半島的本州的太平洋沿岸、四國和九州，都是4月1日之前開花的區域，進入2000年後，這個開花區域逐漸北上，涵蓋了關東、東海、近畿和中國地方。

5-24 染井吉野櫻的開花線的變化

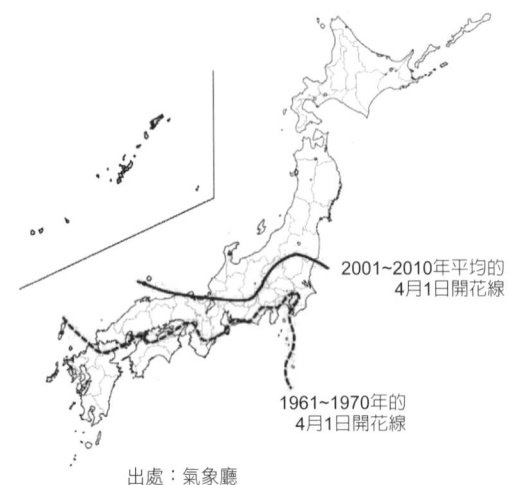

2001~2010年平均的4月1日開花線

1961~1970年的4月1日開花線

出處：氣象廳
http://www.data.jma.go.jp/cpdinfo/chishiki_ondanka/p09.html

◎ **太陽的活動並不活躍**

太陽的光與熱是地球生命賴以生存的能量來源，而其活動的活躍程度也會起起落落。包括入射至地球表面的太陽光能量（輻射能與熱能）也會產生變化。當太陽的活動變得活躍時，似乎會對地球的暖化產生影響，但實情果真如此嗎？

從太陽表面的**黑子**可看出太陽活動的活躍程度。**活躍程度愈高，黑子增加得也愈多。而黑子的數量被視為左右地球氣溫的重要因素。**

20世紀後半的黑子數量幾乎都是持平，或是出現了減少的傾向。**從這個結果很難想像太陽活動處於活躍狀態，不足以證明和近年的暖化有直接關係。**

尤其是這十幾年來的太陽，已經進入百年一度的黑子數極少的太陽極少期，所以有人也開始擔心異常寒冷的冬天又要降臨世界各地。

◎ 地球現在已進入「冰河期」？

或許有些人完全想像不到，但是地球現在已進入「冰河期」。

南極和格陵蘭是全球冰河最多的地方。前幾年，日本證明了日本境內也有冰河存在[*5]。話說回來，**冰河存在於地球上的時期原本就稱為「冰河期」**。

另外，「冰河期」又分為氣溫特別寒冷的「冰期」，與比較暖和的「間冰期」，會不斷地循環發生，目前正處於「間冰期」。因為「冰期」「冰河期」經常被混為一談，所以才會產生一開頭提到的「誤解」。

冰期與間冰期的循環，稱為「米蘭科維奇循環」，起因是地球的軌道變化。

到了冰期，1年的平均溫度會下降5～10℃。

現在的地球，正值大約開始於3500萬年前、氣溫相對較低的冰河期。如果是2～10萬年規模，理論上可以計算出太陽輻射量的變動，從這個數據所進行的預測結果是今後的3萬年內，發生冰期的機率偏低[*6]。

[*5] 號稱在日本首度發現的冰河位於富山縣的北阿爾卑斯山。
[*6] 參考：國立觀光研究所 地球環境研究中心「想知道有關暖化的資訊 Q14寒冷期與溫暖期的循環」

47 暖化會導致大寒流來襲嗎？

極地（北極與南極）被視為對地球暖化造成巨大影響的因素。日本的氣象，也深受掌握北極氣壓變化的「北極震盪」所影響。

◎ 北極震盪

北極和南極都是長年被冰雪覆蓋之處。這兩處的冷空氣，會以一定的間隔往內排至中緯度。而極地的「氣壓」，就是決定冷空氣繼續累積，還是要向外排出的關鍵。因為風從氣壓高之處吹往氣壓低之處，所以極地的氣壓愈低，就會累積愈多的寒冷空氣；如果升高，冷空氣就會被排出去。

所謂的**北極震盪（AO）**[*1]，就是掌握這個間隔（週期）的現象。說得具體一點，北極震盪就是北極附近與中緯度（北緯40~60度左右）的地上氣壓，有如翹翹板般呈現反向變動的關係。

當北極附近的氣壓較往年降低，而中緯度的氣壓上升時，這種狀態稱為「正北極震盪」，相反地，**當北極附近的氣壓較往年升高，而中緯度的氣壓下降時，就稱為「負北極震盪」**。

◎ 北極震盪與偏西風

AO為正時，偏西風容易成為「**東西流型（從西往東流）**」，導致寒冷空氣囤積在北極附近。這時的寒冷空氣都被封鎖在北極附近。

---

*1 AO是Arctic Oscillation的縮寫。

5-25 北極震盪

> **北極震盪** 彼此相距遙遠的地區，氣壓有如蹺蹺板般呈反向變動的關係。

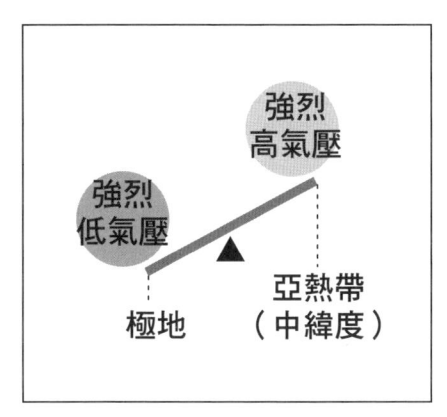

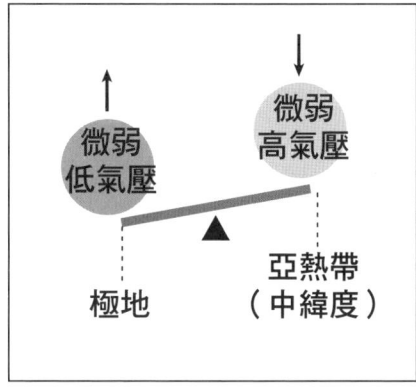

北極震盪（AO）：正北極震盪　　北極震盪（AO）：負北極震盪

相反地，當AO為負時，偏西風容易成為「**南北流型（從北往南流）**」。這時的寒冷空氣有時會南下至中緯度，造成日本降下大雪的機率提高。

偏西風為東西流型時，低氣壓不容易發達，天氣變化也較為和緩，但如果為南北流型，低氣壓和高氣壓都會發達，「極端天氣」的出現機率也會提高。

5-26　東西流與南北流

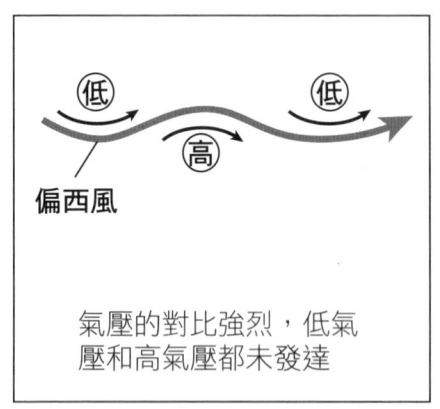

氣壓的對比強烈，低氣壓和高氣壓都未發達

偏西風成為東西流型

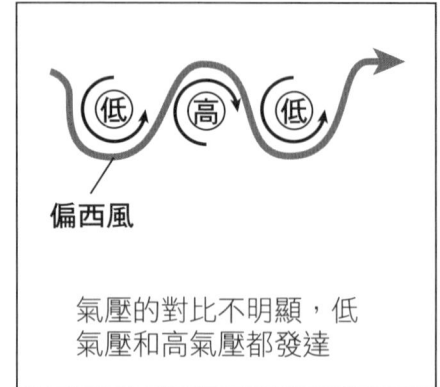

氣壓的對比不明顯，低氣壓和高氣壓都發達

偏西風成為南北流型

5-27　AO指數與偏西風的關係

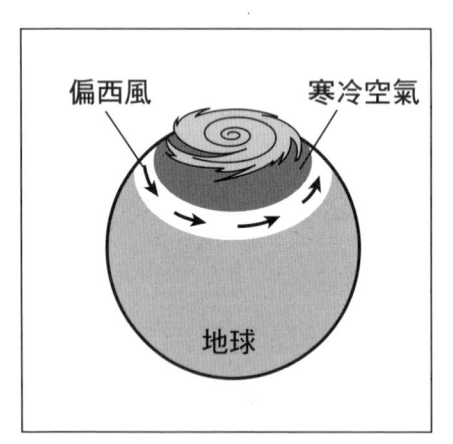

北極的冷空氣被封鎖

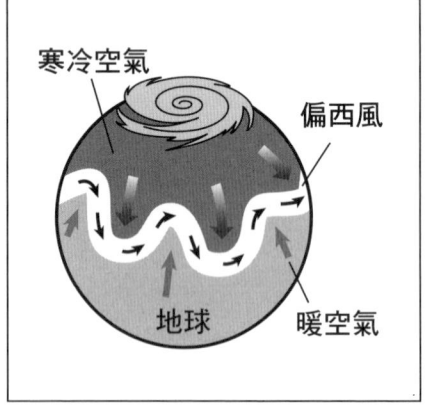

北極的寒冷空氣南下到中緯度

◎ 北極的冰山一旦融化，寒冷空氣就會南下

近年來，出現負北極震盪時，就容易產生極端天氣現象。原因在於北極的**冰山融化**。

冰山一旦融化，北極的氣溫就會上升。換句話說，只要北極的氣壓升高，北極震盪就會呈現負值。**一旦因暖化造成冰山融化，寒冷空氣就會南下到中緯度。**

我想，上述的說明應該可以替各位解答「明明是地球暖化，為什麼日本在2018年會出現超級寒冬？」這個問題吧。

根據預測，今後若持續暖化，北極震盪會出現更大的負值。這也表示從北極南下至中緯度的強烈冷空氣會增加，出現豪雪、猛烈降雨等極端天氣現象的機率也會提高。

5-28 北極地區海冰面積的變化（一年中海冰最少時的數值）

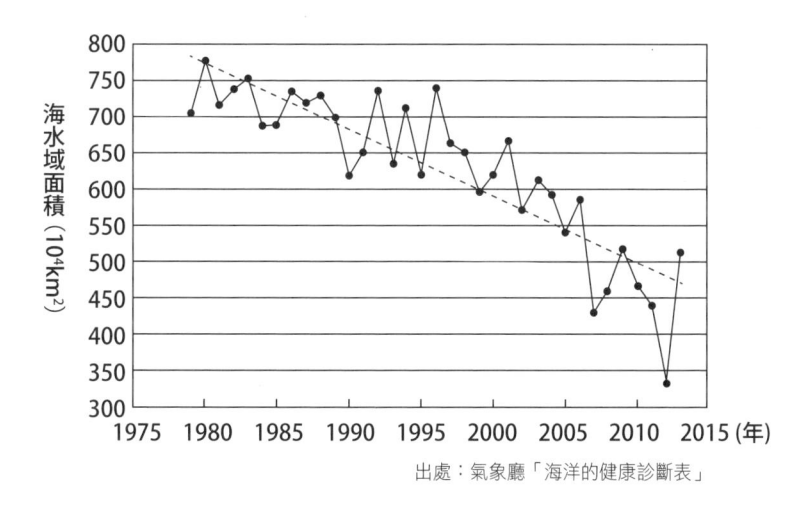

海水域面積（$10^4 km^2$）

出處：氣象廳「海洋的健康診斷表」

雖然每年的數字都會上下變動，以長期來看，海表面積確實減少了

48 火山大爆發會使地球寒冷化嗎？

> 大規模的火山爆發，有時會對氣象、氣候產生影響。火山噴煙會遮住陽光，有時甚至會引起全球寒冷化。

◎ 東京的降雪紀錄

1984年日本全國各地都迎來了前所未有的嚴酷寒冬。最大的特徵是不單是日本海沿岸，連太平洋沿岸都降下豪雪。東京光是一季，降雪的日子就高達29天，總積雪量竟然達到92cm，這個數字創下歷史新高[*1]。

火山爆發被視為造成這一年的大寒冬的原因之一。1982年墨西哥南部的埃爾奇瓊火山嚴重爆發，噴煙竄升1萬6千公尺之高。許多科學家認為火山噴煙遮住了陽光，引起長期的全球寒冷化。

5-29 東京的總積雪深

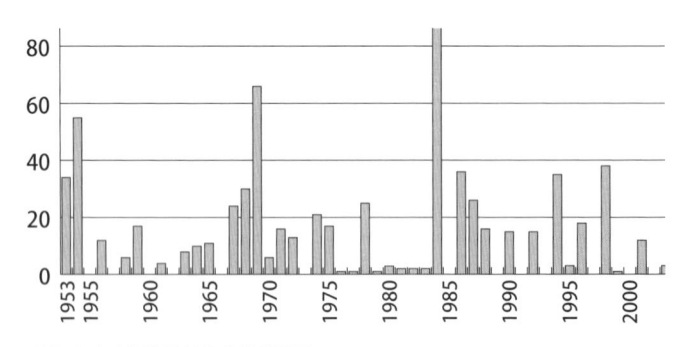

以氣象廳官網的資料為依據所製圖
http://www.data.jma.go.jp/obd/stats/etrn/view/annually_s.php?prec_no=44&block_no=47662&year=&month=&day=&view=a4

[*1] 即使是2014年在關東甲信地方降下豪雪的那一年，東京一季的總積雪量不過是49cm。因此，1984年依然是人們口中的「傳説之冬」。

專欄 Column

5 通通都在這裡！史上最高、最低紀錄

日本高溫排行榜前10名

11個中有8個是21世紀的紀錄。

第1名	埼玉縣	熊谷	**41.1**°C	2018年7月23日
第2名	岐阜縣	美濃	**41.0**°C	2018年8月8日
〃	岐阜縣	金山	**41.0**°C	2018年8月6日
〃	高知縣	江川崎	**41.0**°C	2013年8月12日
第5名	岐阜縣	多治見	**40.9**°C	2007年8月16日
第6名	新潟縣	中条	**40.8**°C	2018年8月23日
〃	東京都	青梅	**40.8**°C	2018年7月23日
〃	山形縣	山形	**40.8**°C	1933年7月25日
第9名	山梨縣	甲府	**40.7**°C	2013年8月10日
第10名	和歌山縣	葛城	**40.6**°C	1994年8月8日
〃	靜岡縣	天龍	**40.6**°C	1994年8月4日

日本低溫排行榜前10名

這裡沒有21世紀的紀錄。

第1名	北海道	上川地方旭川	**-41.0**℃	1902年1月25日
第2名	北海道	十勝地方帶廣	**-38.2**℃	1902年1月26日
第3名	北海道	上川地方江丹別	**-38.1**℃	1978年2月17日
第4名	靜岡縣	富士山	**-38.0**℃	1981年2月27日
第5名	北海道	宗谷地方歌登	**-37.9**℃	1978年2月17日
第6名	北海道	上川地方幌加內	**-37.6**℃	1978年2月17日
第7名	北海道	上川地方美深	**-37.0**℃	1978年2月17日
第8名	北海道	上川地方和寒	**-36.8**℃	1985年1月25日
第9名	北海道	上川地方下川	**-36.1**℃	1978年2月17日
第10名	北海道	宗谷地方中頓別	**-35.9**℃	1985年1月24日

最大10分鐘降水量

畢竟是極短時間內的猛烈陣雨，所以偶然性很強，不論哪個地區都有可能。

第1名	埼玉縣	熊谷	**50.0mm**	2020年6月6日
〃	新潟縣	室谷	**50.0mm**	2011年7月26日
第3名	高知縣	清水	**49.0mm**	1946年9月13日
第4名	宮城縣	石卷	**40.5mm**	1983年7月24日
第5名	埼玉縣	秩父	**39.6mm**	1952年7月4日
第6名	兵庫縣	柏原	**39.5mm**	2014年6月12日
第7名	兵庫縣	洲本	**39.2mm**	1949年9月2日

第8名	神奈川縣	橫濱	**39.0mm**	1995年6月20日
第9名	東京都	練馬	**38.5mm**	2018年8月27日
〃	宮崎縣	宮崎	**38.5mm**	1995年9月30日
〃	長野縣	輕井澤	**38.5mm**	1960年8月2日

最大時雨量

除了香取，整個西日本和琉球群島都有留下紀錄。

第1名	千葉縣	香取	**153mm**	1999年10月27日
〃	長崎縣	長浦岳	**153mm**	1982年7月23日
第3名	沖繩縣	多良間	**152mm**	1988年4月28日
第4名	熊本縣	甲佐	**150mm**	2016年6月21日
〃	高知縣	清水	**150mm**	1944年10月17日
第6名	高知縣	室戶岬	**149mm**	2006年11月26日
第7名	福岡縣	前原	**147mm**	1991年9月14日
第8名	愛知縣	岡崎	**146.5mm**	2008年8月29日
第9名	沖繩縣	仲筋	**145.5mm**	2010年11月19日
第10名	和歌山縣	潮岬	**145mm**	1972年11月14日

日降水量

除了2019年發生19號颱風的箱根，整個西日本和琉球群島都有留下紀錄。

第1名	神奈川縣	箱根	**922.5mm**	2019年10月12日
第2名	高知縣	魚梁瀨	**851.5mm**	2011年7月19日
第3名	奈良縣	日出岳	**844mm**	1982年8月1日
第4名	三重縣	尾鷲	**806mm**	1968年9月26日
第5名	香川縣	內海	**790mm**	1976年9月11日
第6名	沖繩縣	與那國島	**765mm**	2008年9月13日
第7名	三重縣	宮川	**764mm**	2011年7月19日
第8名	愛媛縣	成就社	**757mm**	2005年9月6日
第9名	愛知縣	繁藤	**735mm**	1998年9月24日
第10名	德島縣	劍山	**726mm**	1976年9月11日

最大風速

幾乎都是伴隨著颱風（8～9月）發生，但也有跟著炸彈低氣壓而來的紀錄。

第1名	靜岡縣	富士山	**72.5m/s**	西南西 1942年4月5日
第2名	高知縣	室戶岬	**69.8m/s**	西南西 1965年9月10日
第3名	沖繩縣	宮古島	**60.8m/s**	東北 1966年9月5日
第4名	長崎縣	雲仙岳	**60.0m/s**	東南東 1942年8月27日
第5名	滋賀縣	伊吹山	**56.7m/s**	南南東 1961年9月16日
第6名	德島縣	劍山	**55.0m/s**	南 2001年1月7日

第7名	沖繩縣	與那國島	**54.6m/s**	東南 2015年9月28日
第8名	沖繩縣	石垣島	**53.0m/s**	東南 1977年7月31日
第9名	鹿兒島縣	屋久島	**50.2m/s**	東北東 1964年9月24日
第10名	北海道	後志地方壽都	**49.8m/s**	南南東 1952年4月15日

最大瞬間風速

全部都是8~9月的紀錄。

第1名	靜岡縣	富士山	**91.0m/s**	南南西 1966年9月25日
第2名	沖繩縣	宮古島	**85.3m/s**	東北 1966年9月5日
第3名	高知縣	室戶岬	**84.5m/s**	西南西 1961年9月16日
第4名	沖繩縣	與那國島	**81.1m/s**	東南 2015年9月28日
第5名	鹿兒島縣	名瀨	**78.9m/s**	東南東 1970年8月13日
第6名	沖繩縣	那霸	**73.6m/s**	南 1956年9月8日
第7名	愛媛縣	宇和島	**72.3m/s**	西 1964年9月25日
第8名	沖繩縣	石垣島	**71.0m/s**	南南西 2015年8月23日
第9名	沖繩縣	西表島	**69.9m/s**	東北 2006年9月16日
第10名	德島縣	劍山	**69.0m/s**	南南東 1970年8月21日

第6章
學習「氣象預報的原理」

49 為什麼日本以前的人會說「貓咪洗臉就會下雨」？

> 我想,「收看氣象預報」是很多人每天一定會做的事。但是,氣象預報一開始是怎麼來的呢?接著讓我們一起回顧它的歷史吧。

◎ 正因為預測困難才顯得有趣

請問各位有什麼每天一定不會忘記的「例行公事」嗎?我相信每個人都有一套自己行之有年的習慣,而其中也包括「收看氣象預報」。由此可見,氣象、天氣與我們的生活,關係密不可分。

舉例而言,沙漠氣候的國家,幾乎天天都是「晴天」,如果換成熱帶雨林氣候的國家,千篇一律都是「晴時多雲偶雷雨」。如同上述,如果每天的天氣都大同小異,相信民眾一定對氣象預報興趣缺缺。從這個角度而言,在日本連要預測明天的天氣都有不小的難度,但這點也正是氣象預報的魅力所在吧。

氣象預報在日本已是日常生活的一環,但話說回來,氣象預報一開始是怎麼來的呢?

◎ 觀天望氣

在天氣圖問世與氣象廳出現之前,自古便流傳著許多有關天氣,被稱為「觀天望氣[*1]」的說法,而且被廣泛應用於各地的氣象預報。

[*1] 從雲、風、虹、太陽、月亮,以及地震等「自然現象」、生物的行動變化等,預測未來的天氣。有些以天氣諺語的型態流傳至今。

以下為各位列出其中較為有名的說法。

- **春天的東風會帶來雨水**
  暗示西方有低氣壓

- **蜘蛛巢若沾了朝露就會放晴**
  輻射冷卻過強的證據，沒有雲生成的跡象

- **太陽和月亮周圍若有光圈就會出現壞天氣**
  製造光圈的卷層雲，預告了暖鋒即將接近

- **燕子低飛會下雨**
  溼度一上升，寄生在燕子身上的羽蝨的羽毛也變重，所以低飛

- **貓咪洗臉就會下雨**
  溼度一上升，貓鬚就會垂下，讓貓咪在意而不斷洗臉

- **螳螂若在高處產卵，當年就會下大雪**
  把卵產在高處的用意是避免卵被雪淹沒

另外還有一些乍看下很無厘頭的說法。例如：
- **武士蟻出去狩獵的當天晚上不會下雨**
- **豹燈蛾的幼蟲的背部直紋愈粗，冬天愈冷**

武士蟻是一種以奇異生態而知名的蟻類。雖然是蟻類，但完全「無法工作」。取而代之的是，牠們會入侵其他蟻類（黑山蟻等）的

巢穴，搶奪蟻蛹，把羽化之後的黑山蟻當作奴隸，使喚牠們築巢、照顧幼蟲、覓食等。

另外，豹燈蛾的幼蟲是一種經常快速橫越道路的毛蟲。以毛蟲而言，覆蓋於全身的絨毛非常濃密，看起來「毛茸茸」的。牠們以蒲公英、車前草等每一株都很迷你的「雜草」為食。牠們的食欲旺盛，能夠很快地把一整株車前草吃得一乾二淨，幸好車前草到處都有，這也是牠們有別於一般毛蟲，特別擅長「行走」的可能原因。

如果下次看到這種毛蟲，請仔細觀察牠們茶色背部上的直紋粗細。據說如果直紋很粗，表示那一年會出現嚴寒的冬天[*2]。

對昆蟲等野生動物而言，能否準確預測天候是攸關生死的問題。所以，或許天氣預報的能力，就是牠們除了五感，也是與生俱來的一種能力。

◎ 天氣圖的登場

天氣圖在史上首度登場是在19世紀。德國的氣象學者布蘭德斯[*3]繪製了用來表示地上氣壓分布的圖（天氣圖的原始雛形）。當時雖然有人想過要把它當作天氣預報的工具使用，但是為了繪製一張天氣圖，竟然耗費了37年，所以無法實際應用在天氣預報。

全世界首度把繪製天氣圖當作國政執行始於1854年。當年的11

[*2] 紐約自然史博物館的C・哈洛德・卡蘭先生，進行了相關研究後，向外界宣布以這個方式的預測準確度高於當時的氣象預報。
[*3] 海因里希・布蘭德斯（1777-1834），1820年發表了依據1783年3月的暴風雨繪製的天氣圖。

月,法國艦隊遭受猛烈的暴風雨侵襲而全軍覆沒。身為法軍統帥的拿破崙,基於「必須預知暴風雨的來襲,以免全軍覆沒」的考量,委託巴黎的天文台長于爾班‧勒威耶[*4]進行調查。于爾班‧勒威耶銜命之後,寫信向歐洲提出要求「請各位回報當地從11月12日到16日這5天的氣象狀態」。最後他根據收到的250封答覆,經研究後發現了暴風雨來襲的前兆。

勒威耶的重要發現是「原來天氣隨時在變動」。他調查了歐洲各地的風向與氣溫的變化,終於在1856年成功繪製了天氣圖。拜天氣圖所賜,連當年的暴風雨是源自於從西班牙附近通過地中海,前進至黑海的低氣壓所引起的來龍去脈都能一手掌握。

人們也體認到天氣的變化竟然有可能左右國家的命運,從此以後,天氣圖的繪製也成為一門專業了。

◎ 日本的氣象預報

天氣圖傳入日本的時間是1883年(明治16年)。來自海外的科學家向日本傳授氣象觀測的方法,為日本的天氣圖史揭開序幕。

日本的第一步是在各地成立測候所,接著在1884年(明治17年)6月1日,由身為氣象廳前身的東京氣象台,發表了日本首次的氣象預報。當時的預報內容是「全國的風向沒有統一,天氣多變,下雨機率高」,不但說得模擬兩可,而且準確率相當低。

[*4] 于爾班‧勒威耶(1811~1877)是法國的數學家、天文學家。最知名的事蹟是因為感覺「天王星的動向有異」,因而發現了海王星。

日本的氣象預報一開始只有使用天氣圖，但隨著科技發達，除了具備雷達、AMeDAS、氣象衛星這3大利器，也應用了超級電腦的數值預報技術，所以預測的準確率也不斷提升。

第 6 章　學習「氣象預報的原理」

50　氣象觀測會用到哪些儀器呢？

> 應用於天氣預報的氣象觀測的技術日新月異。不僅如此，長年累積的觀測數據，除了用於每天的氣象預報，也用於地球暖化現象的釐清與預測。

◎ 氣象衛星向日葵8號

氣象廳在2014年10月7日發射，從2015年7月7日開始運行的**向日葵8號**，是一種負責觀測日本地區及地球的**靜止軌道氣象衛星**。所謂的「靜止」，並不是完全不動，只是因漂浮在太空，以和地球自轉同樣的方向繞行，所以看起來像靜止不動。

向日葵8號每隔10分鐘觀測地球1次，至於日本地區與追蹤颱風等的機動觀測則是每隔2分半1次。從氣象廳的官網可以看到衛星回傳的影像[*1]。

6-1　向日葵8號

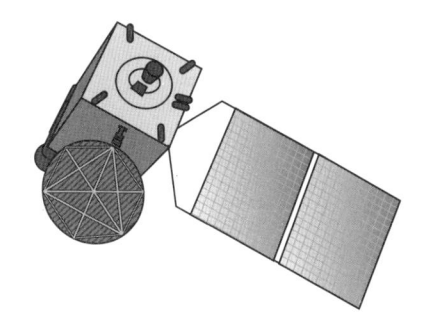

向日葵即時Web
https://himawari8.nict.go.jp/ja/himawari8-image.htm

[*1] 雖然現在已被視為理所當然，但我至今還記得當時氣象迷非常感動地表示「什麼？這種影像以後可以天天想看就看？」，彷彿只有在哆啦A夢才有的情節在現實中出現。

193

向日葵8號內建的可視紅外線放射計，可以觀測到**電磁波的強度**，包括從人的肉眼可見的「可視光」，到肉眼看不見的「紅外線」等各種波長帶。這些觀測結果以衛星雲圖的型態表示，也就是我們已經很熟悉的「衛星影像」。

　　使用頻率最高的**「紅外線衛星雲圖」**，也是每個電視台的氣象預報都會用於解說的資料。紅外線的強度因溫度而異，溫度低的雲是白色，而溫度高的雲偏黑。

　　愈是高聳的雲，其雲頂的溫度愈低，所以發達的積雨雲看起來潔白耀眼。問題是，漂浮在上空高處，不會帶來降水的卷雲也是看起來一片潔白（看習慣的話，可以從形狀以直覺判斷）。

　　接著是**「可視影像」**。也就是表現肉眼看得到的可視光之反射的影像。簡單來說，就是與人俯視著太空，眼睛所見完全相同的影像。有雨伴隨而發達的雲層都有厚度，在太陽光強烈的反射下，看起來像過度曝光，很可能化為一片白光，難以辨識。但是夜晚的光線太暗，影像又會變成一片漆黑，無法使用。

　　另外還有表現從對流圈的中層到上層水蒸氣量的**「水蒸氣影像」**、有助於找到積雨雲的「色調強化雲圖」。

◎ AMeDAS

　　日本全國約有1300處（間隔約17公里）設有名為AMeDAS的自動觀測系統，用於觀測降雨量。其中約有840處（間隔約21公里），除了降水量，也自動觀測風向、風速、氣溫、日照時間。此外，在降雪

---

*2　AMeDAS=Automated Meteorological Data Acquisition System的縮寫。

第 6 章　學習「氣象預報的原理」

6-2　紅外線影像

出處：氣象廳官網
http://www.jma.go.jp/jp/gms/large.html?area=0&element=2&time=201907220900

6-3　可視影像

出處：氣象廳官網
http://www.jma.go.jp/jp/gms/large.html?area=0&element=2&time=201907220900

6-4 水蒸氣影像

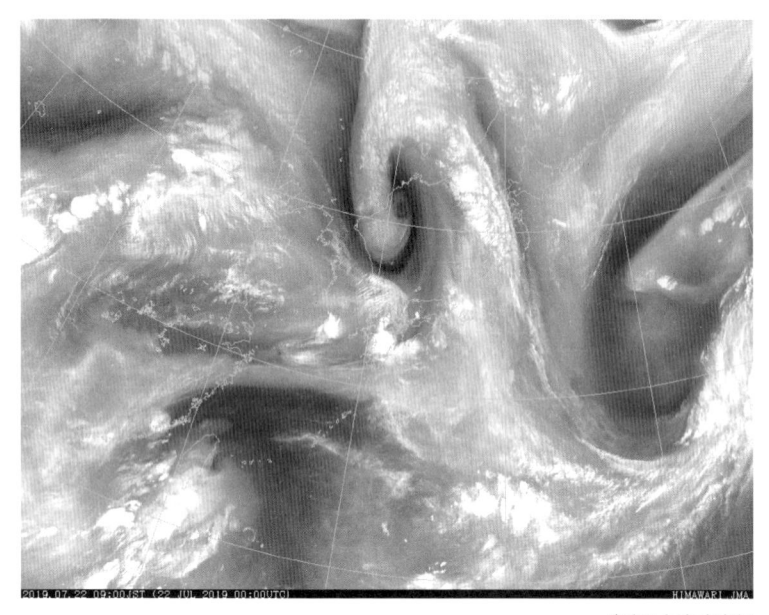

出處：氣象廳官網
http://www.jma.go.jp/jp/gms/large.html?area=0&element=2&time=201907220900

量多的地方，也約有320處觀測積雪的深度。

這套自動觀測系統的外觀並不起眼，和很多學校都會設置的「百葉箱」類似。即使設置在人來人往的地方，但一般人並不會特別注意，說不定有些人就算每天都經過這些觀測站也渾然不覺呢[*2]。

AMeDAS在1974年11月1日啓用，只要透過氣象廳的官網，就看得到截至目前為止的資訊。這也表示不論是誰，只要有心都可以投入「研究」，實在太棒了。

另外，在降雪量不多的太平洋沿岸地區，並不是每處都會進行雪

[*3] AMeDAS的觀測在防止與減輕災害上功不可沒，假設有人惡意破壞觀測設備，會被判處徒刑等嚴重刑罰。

的觀測。舉例而言，東京都心（大手町）的觀測站有觀測積雪深，但奧多摩和八王子就沒有利用AMeDAS觀測。除了AMeDAS，報導有時也會使用地方政府等單位觀測的數據。畢竟現在是網路發達的時代，

6-5 AMeDAS

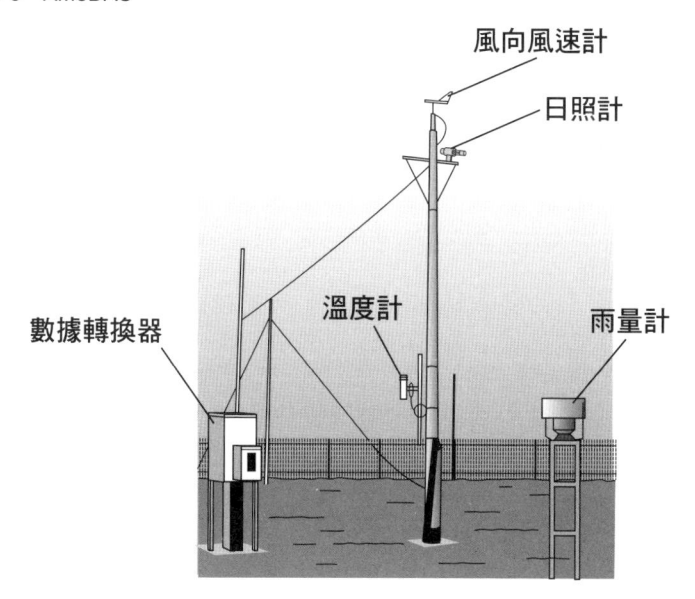

風向風速計
日照計
數據轉換器
溫度計
雨量計

有時利用SNS和寄件名單也能收集資料。

　雖然發生的機率極低，但有時候在沒有觀測積雪深的地點，也會只憑著看到「氣溫低於冰點，時雨量大約20mm」的觀測值，推估降雪量應該相當可觀，假設「如果有積雪計，觀測結果可能都破紀錄了」，令人有點無奈[*4]。

　另外，日本全國共有60處的氣象台，除了上述的氣象要素，也透

197

過目測的方式觀測天氣、能見度[*5]、雲的狀態等。

◎ 無線電探空儀

上空、高層的觀測，則是利用探空氣球將**無線電探空儀**載上天空，進行觀測。所謂的無線電探空儀，就是內建測量氣溫、氣壓、溼度等氣象要素的感應器，並透過無線電將數據回傳的氣象觀測儀器。一般都是由氣球搭載升空。每天都是固定在9點和21點讓氣球升空，不過這項作業執行起來卻是出乎意料的困難。我也聽過有新進人員不小心戳破氣球的趣事。

在無線電探空儀跟著氣球抵達距離上空約30km之處，完成觀測之後，氣球就會自動破裂，跟著降落傘掉下來。為了防止事故發生，觀測地點都設置在沿岸，所以幾乎都在海上降落。有趣的是，在氣象迷之間也悄悄流傳著只要撿到破裂的探空氣球，就有好事發生的迷信說法。

利用無線電探空儀進行高空氣象觀測，除了16處的氣象官署（負責氣象觀測與氣象預報的公家機關）與昭和基地（南極），還有其他的海洋氣象觀測船。

6-6 無線電探空儀

氣球
降落傘
掛繩
無線電探空儀

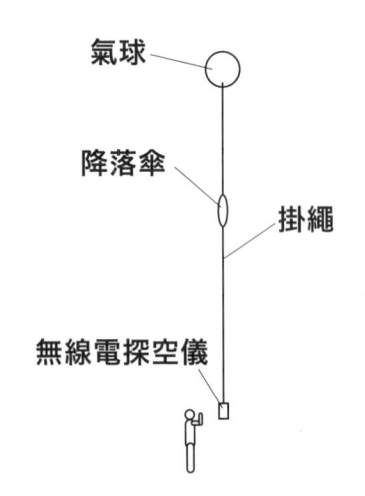

[*4] 順帶一提，1mm的降水量若化成雪，大約會有1～5cm的積雪；時雨量若超過3mm，下雪時，就會是「下大雪」。
[*5] 在水平方向上能夠將目標物區別出來的最大距離。由負責的人員以目視進行，為了避免誤差產生，事前都接受過嚴格的訓練。

◎ 昭和基地

昭和基地位於南極大陸的冰緣以西約4公里的東釣鉤島、與日本的直線距離約1萬4千公里的呂佐夫・霍爾姆灣東岸。

6-7　海洋氣象觀測船

出處：氣象廳官網 http://www.jma.go.jp/gmd/kaiyou/db/vessel_obs/description/vessels.html

氣象廳在西北太平洋以及日本周邊海域設定了觀測定線，以2艘海洋氣象觀測船的編制，定期進行海洋觀測。觀測項目除了海洋表面至深層的水溫、鹽分、溶氧量、營養鹽及海潮流向等，也包括海水中以及大氣中的二氧化碳濃度。另外基於研究目的，也會觀測海水中的重金屬、油分等汙染物質、其他化學物質。能否發揮提高預測地球暖化的精確度的效果也備受期待。

目前進行的觀測包括地上氣象觀測、高空氣象觀測、臭氧層觀測、日照輻射觀測。這些觀測結果，都會納入世界氣象組織（WMO）的國際觀測網。各國的氣象組織都會立刻收到最新數據，將之用於每日的氣象預報。

另外，在300人次的氣象隊員的努力之下，目前已累積了超過50年的觀測數據，而這些數據也被當作釐清與預測的基礎數據，在解決

地球暖化與臭氧層破洞等地球環境問題上發揮作用。

　　派遣至南極的隊員，每次派駐在昭和基地的時間超過 1 年。昭和基地內設施完備齊全，也有網路可以連線，生活水準幾乎和在日本國內無異。比較辛苦的是，只要一外出，就要面對嚴峻的低溫與強風的考驗，所以外出時一定要隨身攜帶無線電對講機。

　　目前運作的南極的基地，除了昭和基地，還有巨蛋富士基地、瑞穗基地、飛鳥基地。

6-8　昭和基地

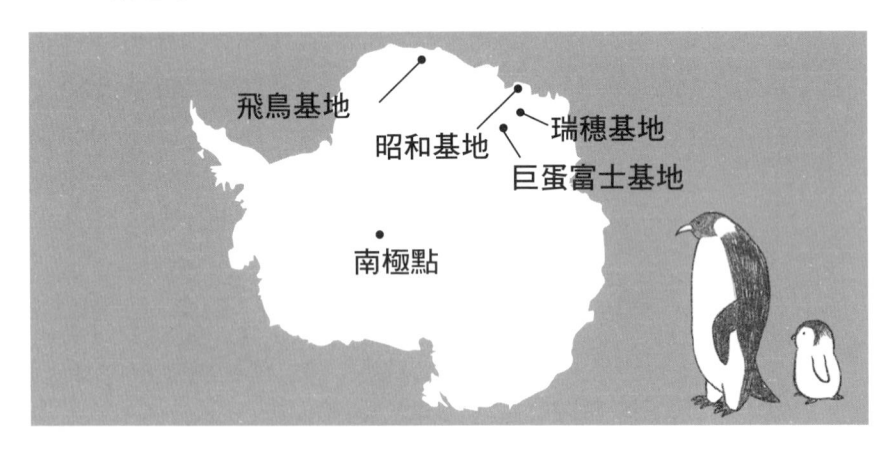

第 6 章　學習「氣象預報的原理」

51　氣象預報的準確度達85~90％是真的嗎？

> 目前的氣象預報，基本上都是依據「數值預報」「超級電腦」進行預測。準確率出乎意料的高，竟然高達9成。接著一起來看看預測的方法吧。

◎ 根據計算進行預測的「數值預報」是什麼？

20世紀初期，人稱「數值預報之父」的理查森[*1]，研究出依據各種氣象數據與空氣的動向，透過「計算」預測未來大氣狀態的方法。這個方法的問世，「數值預報」的概念也就此誕生。**他後來也嘗試以手動計算，繪製未來的天氣圖**。但是，若要以這個方法繪製出能夠實際應用於氣象預報的天氣圖，所需人力竟然高達6萬4千人，因此這個計畫自然無疾而終。

此時以救世主之姿現身的是電腦（即計算機）。既然可以免去龐大的手動計算，所需時間當然也呈指數型縮短。

在透過超級電腦計算的數值預報成為主流之前，氣象預報主要依靠過去累積的經驗法則，說穿了就是**預報員的直覺**[*2]。然而，隨著使用超級電腦進行數值預測的出現，準確性得到提升，因而從預報員的直覺和經驗轉向了數據。

◎ 超級電腦「IBM704」

美國從1949年開始使用電腦製作天氣圖。1955年，美國國家氣

[*1] 路易斯・弗來・理查森（1881~1953）是英國的數學家、氣象學家。
[*2] 因此預報的準確率因預報員的表現而異。這也衍生出一位預報員要成為能夠獨當一面的預報員之前，必須歷經「嚴格的訓練」等問題。

201

6-9 數值預報的機制

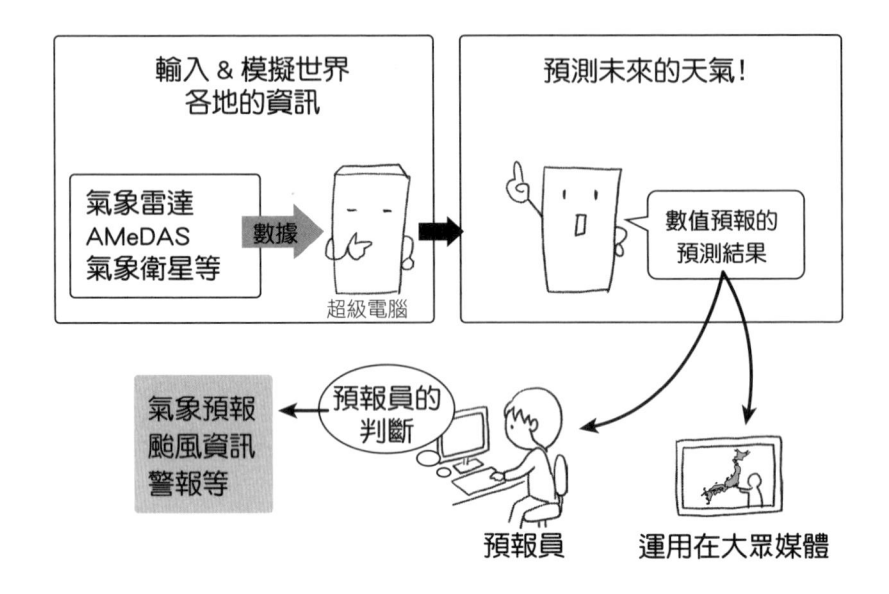

象局導入了超級電腦「IBM704」，將數值預報加以實用化。4年之後的1959年，日本的氣象廳也引進了同機型，繼美國之後，開啟了數值預報的新章。另外，日本目前使用的超級電腦，已經升級為第9代了。

假如沒有數值預報，氣象預報直到今天說不定還在解讀 X 光片，或是把天氣預測這門學問昇華到解析藝術作品的層次，仰賴專家的直覺與經驗技術。正因為數值預報的成功，氣象預報也被納入物理學的範疇。

◎ 氣象預報的「命中率」比想像中高的理由

那麼，氣象預報的準確率有多少呢？

現在的氣象預報，準確率高於西洋占星數，但低於塔羅牌[*3]，**大約是85~90%**。我相信一定有人會大吃一驚，心想「真的有這麼高嗎？」

能夠達到這麼高的準確率，自然有其理由。**那是因為氣象預報的命中率，基本上只針對「有無降水」評分。**

舉例而言，因為只看降水，即使預報是「晴天」，結果卻是「陰天」，或是預報是「下雨」，結果是「下雪」，對準確率都沒有影響。我不知道一般民眾身為氣象預報的使用者，是否會覺得這樣的評分機制有些不合理，但從這點也反映出數值預報畢竟有其極限，無法面面俱到。

不過，以氣溫的預報而言，目前已經提升到**最高氣溫的誤差只有1.5~2℃**。只差1~2℃，不會讓人有太明顯的感受，所以比較起來算是準確率很出色的預報。

◎ 無法預測的「蝴蝶效應」

氣象廳每天都會更新未來1週的氣象預報（日本氣象協會是未來10天、天氣地圖是未來16天）。雖然有了超級電腦，但要做到準確的預測還是有其困難度，那就是**「蝴蝶效應」**的不確定性。

所謂的「蝴蝶效應」，最常舉的例子是「蝴蝶在北京振翅，就會讓紐約下雨」。簡單來說，**蝴蝶振翅所造成的大氣變化雖然微乎其**

[*3] 占卜的命中率（要以什麼當作「準不準」很難決定，最後還是訴諸於感覺）。據說手相是6~7成、西洋占星術是7~8成、塔羅牌超過9成。以上資訊僅供參考。

微，但卻可能改變遙遠未來的物理現象。

雖然蝴蝶拍動翅膀時，只能引起非常微弱的氣流產生，但是過了1天、2天，或許全世界就有幾兆隻蝴蝶振翅。而且會拍動翅膀的不只是蝴蝶，還有鳥和蝙蝠。另外，人使用橡皮擦時也會產生摩擦熱，而且還會打噴嚏。簡單來說，要把上述的影響全部計算進去，現實上不可能做到。

這些微弱的「搖晃」會像灰塵一樣愈積愈多，所以很難預測在遙遠的未來會發揮什麼樣的影響力。

◎ 為了提升預報的準確度

總之，氣象廳為了提升預報的準確度而不斷努力。尤其對於改善數值預報的模型更是不遺餘力。具體的對策包括細分模型，加以高解析化，並導入系集預報，以期能應用在豪雨防災、颱風防災、暖化的因應對策[*4]。

---

*4 參考：「預計在2030年達成的數值預報 技術開發重點計畫」（氣象廳）

第 6 章　學習「氣象預報的原理」

52　櫻花的「開花預測」是怎麼做的呢？

> 賞花在日本是重要性等同於新年、盂蘭盆節、聖誕節等重大節日的年度盛事。櫻花的「開花預測」等於昭告春天的到來。至於這個預測是如何做成的，請聽我娓娓道來。

◎「月遇陰雲花遇風」

　　櫻花是薔薇科李屬櫻亞屬的植物。深受日本人喜愛的「賞花」和聖誕節、新年的不同之處在於，賞花能否盡興，完全取決於「天公作不作美」。如果賞花的當天颱風下雨，或是有超級寒流來襲，賞花的樂趣自然就會大打折扣。例如2010年破紀錄的「寒春」，造成東京到了4月17日還在飄雪，相當反常。

　　「月遇陰雲花遇風」[*1]是日本的一句諺語。尤其是賞花，被攪局的變數很多。或許正因為美景難求，才有那麼多人對賞花這件事趨之若鶩吧。

　　話說回來，櫻花的開花預測在氣象廳已經是行之有年的預測，而日本氣象協會、天氣新聞等民間企業目前也提供各種更多元、客製化的氣象預報服務。所以氣象廳唯一做的是「開花宣言（宣布花期已經正式開始）」。

[*1] 比喻好事多磨，好景不常。就像明月若被烏雲遮住，賞月就無法盡興；盛開的櫻花若抵擋不住風的吹襲，花瓣就會紛紛落下。

205

◎ 開花預測的算法

日本全國各地都有所謂的「標本木」（東京的位在靖國神社）。只要標本木開了5~6朵花，氣象廳就會發表「開花宣言」。不過，「開花」究竟是如何「預測」的呢？

櫻花的開花預報，會根據氣溫與過去50年的數據，推估開花的氣溫條件，以及今年的氣溫走向。例如Weather Map這間氣象公司，就會以電腦計算出1萬種氣溫等各種氣候條件所構成的「可能情況」，再從這1萬種的可能情況推斷出櫻花的開花日期。就像先聽取1萬人的意見，再經過去蕪存菁，最後算出一個可能性最高的日期。這份工作可說只能交給電腦代勞，根據承辦相關業務的人員表示「雖然本公司提供的氣象預報服務與嚴重的氣象災害無關，但主動諮詢人的很多，而且對預報品質有高度要求」。

櫻花一旦接觸到冬天的寒氣，就會「解除休眠模式」。接著，隨著氣溫升高，花芽也會持續成長，很快就開花了。簡單來說，**「初冬的氣溫愈低，春天就愈早報到」**。2018年櫻花提早開花的天數創下了前所未有的紀錄，這也是因為12月~1月的氣溫嚴寒，造成2~3月的氣溫變得較為溫暖[*2]。

◎ 暖化會造成櫻花開不了花嗎？

接著回頭談談「解除休眠模式」。簡單來說，氣候愈是嚴寒，櫻花就愈容易從休眠中醒來，相反地，如果寒意微弱，櫻花就會陷入「半夢半醒」的狀態。這也是**為何遇到暖冬時，櫻花的花期反而延後**

[*2] 以東京而言，12月的平均氣溫比往年低了1℃、1月低了0.5℃、2月低了0.3℃、3月高了2.8℃。

的原因。

櫻花的開花順序通常從南往北逐漸綻放，但九州等地的順序則是從北往南。最先開花的地方是福岡，最後是鹿兒島。因為到了鹿兒島，「解除休眠模式」的動作比較遲鈍。

但是，我們不能忽略的是，如果暖化持續進行，櫻花是不是有可能就再也不開花了呢？因為如果冬天的氣溫變得過於溫暖，無法解除花芽的休眠模式。

◎ 染井吉野櫻都是人工培育的「克隆花」，所以可以預測

不過，不知道有沒有人好奇「生物都有自己的個性，為什麼能夠預測呢？」。以人來說好了，有人可以天天凌晨4點起床都面不改色，但也有人睡到8點還是一臉睡眼惺忪。所以進行預測時，是否也必須考慮到個體的差異？

不過，預測櫻花的花期時，其實不太需要考慮個體差異的問題。原因很簡單，因為開花預報的對象是染井吉野櫻（有些地區例外），而**日本的染井吉野櫻幾乎都是「克隆花」**。

所謂的克隆花，就是透過插枝或嫁接等「無性生殖」所培育的花，也可以說是複製出來的。因為所有的花都具備同樣的DNA。換句話說，只要氣象條件不變，幾乎可以推斷每次都會同時開花[3]。

---

*3　因為是複製花，缺陷也一模一樣。一旦有棘手的病蟲害開始蔓延，很可能全軍覆沒。

53 有哪些冷門「預報」？

氣象預報中最常出現的用語是「明日天氣」和「最低（最高）氣溫」「未來1週天氣」。但是氣象預報並不是只有這些內容。接著讓我們看看還有哪些不常出現的冷門「預報」吧。

◎ 「入梅」「出梅」

雖然氣象廳會使用「入梅」「出梅」，但這兩個用語其實沒有明確的定義。基本上，只要受到梅雨鋒面的影響，連續2~3天都是陰天或雨天就是「入梅」；當梅雨鋒面北上，被判斷為對天氣沒有影響時，就是「出梅」。所以，「目前被認為已經入梅（出梅）」的說法，其實相當曖昧不清。因此每年9月都會針對速報值再度檢討，進行修正。

預報困難的理由是雨雲的寬度。一般的雨雲都是1000公里寬起跳，但是帶來雨水的梅雨鋒面不過100公里左右。所以只要鋒面的位置稍有改變，雨水的降法就會改變。因此梅雨季的降雨大多是局部性豪雨，而且預報難度高。

◎ 紫外線預報

紫外線對人而言是不可見光（對某些昆蟲而言是可見光），波長短，蘊藏的能量強。

隨著近年來臭氧層遭受破壞，除了地表的太陽照射量增加，照

射到地表的紫外線也增加了。紫外線被視為皮膚出現斑點與雀斑的原因，同時也是引起皮膚癌和白內障的元兇。

為了提升紫外線對策的效果，氣象廳提供的是使用UV指數的「紫外線資訊」[*1]。

比起大晴天，「陰中帶晴」時的紫外線量反而更多，因為有來自雲的反射。除了沙灘等處的反射強，身處高處時，吸收到的紫外線也會更強，必須多加注意。

◎ PM2.5

所謂的「PM2.5」，就是懸浮在大氣中、直徑小於2.5微米[*2]的細懸浮微粒。PM是Particulate Matter（懸浮微粒）的縮寫，是一種粒狀物，包括工廠、汽車、船舶、飛機等排出的煙和粉塵、硫氧化物等，同時也是造成大氣汙染的原因。懸浮微粒非常細小，連肺部深處也能輕易入侵，很可能誘發氣喘、支氣管炎等呼吸系統疾病。

有關PM2.5的汙染預報，日本氣象協會使用的是獨家開發的氣象預測模型，預測目前至未來48小時的濃度變化。

◎ 沙塵暴

沙塵暴預警，使用的是氣象廳的數值預報模型，預測沙塵暴發生地區的沙塵揚起、移動和擴散、落下的過程。沙塵暴預測圖的製作方法是以數值預報模型，計算未來地表附近的沙塵暴濃度與大氣中的沙塵暴總量的分布。預測期間為未來4天，從預測圖可看到3點、9點、

[*1] UV是ultraviolet rays的縮寫，意思是「紫外線」。
[*2] 「微米（μm）」是1毫米（mm）的1/1000。

15點、21點的預測情形。大氣中的沙塵暴總量的預測圖，以顏色的濃淡表示從地表面距離約55公里的高度之間，每1平方公尺的沙塵暴總量。從這份資料可以從懸浮在大氣中的沙塵暴，感受到空氣的汙濁程度。

◎ 花粉

作法是觀測空氣中的柳杉與日本扁柏的花粉，從氣溫和天氣預測花粉的飛散量。環境省和民間企業公司都有進行。

前一年的夏天若特別炎熱，隔年春年的飛散量就會增加，尤其是風強的溫暖日子，飛散量更是倍增。

◎ 3個月預報

也就是每季的季節預報。預測對象是未來1整個月和3個月份的天候。不過各位可不要誤會，季節預報並不是預測1個月之後與3個月之後的每日天氣。季節預報的最大特徵是預測和正常情況相比，接下來會出現何種天候。

舉例而言，預報未來1個月的「1個月預報」，預報的內容並不是下個月的某天天氣是「晴朗」還是「下雨」，而是這1個月的天候趨勢，比如「未來1個月的陰天和雨天較多」。

和預報明天、後天的天氣一樣，1個月預報用的也是數值預報模型，不過季節預測是長期間的預測，含於初期值的誤差會變大。因為不確定性增加，有時會出現無法預測的情況。為了解決不確定性的

問題，長期間預報使用的是系集預報[*3]的手法。也就是進行好幾次預報，再應用統計方法處理。1個月預報、3個月預報、暖候期預報、寒候期預報這4個季節預報皆採用系集預報。

畢竟是大方向預測，所以難以判斷準確率有多少。

◎ 還有其他各式各樣的「預報」

民間氣象公司有提供客製化氣象預報，例如海邊、山區、高爾夫球場的天氣和滑雪場的積雪預測等。另外還有針對洗好的衣物是否容易曬乾的「洗衣指數」，相信很多人都曾經在電視的氣象預報中看過。

另外，有些地方也推出有關商品銷路深受氣溫和天氣影響的預報，例如「啤酒指數」「喉糖指數」等。除此之外，還有「打雷機率」和「雲量機率」等。

只要利用相對簡單的數據處理，就能夠判斷有無相關關係，所以我相信「預報」這個領域有無限的可能，之後還會出現各種新奇的預報。

◎ 為什麼會有那麼多種「預報」

1994年以前，只有氣象廳能夠發布氣象預報。不過，等到氣象預報員被列入國家資格考試以後，只要是通過資格考試的氣象預報員，在民間也能預報氣象。而且預報內容也依照使用者的需求，變得更為精細，這也是為什麼「預報」的項目變得如此五花八門的理由。

[*3] 在依據觀測值的初期值加入些微誤差，進行好幾個數值預報，再計算出平均（集合平均），以預測大氣的狀態。

花粉預報、紫外線預報等，應該都是以往壓根想像不到的預報。但是，這些預報可說都是因應現代需求，包括隨著過敏人口增加，飽受柳杉花粉症所苦的人愈來愈多，以及隨著臭氧層的破壞，來自陽光的紫外線增強等變化所問世。換言之，氣象預報其實是隨著我們的需求不斷進化。

　　以往把「預報」的重點放在「預防惱人的災害發生」和掌握、減少環境問題。但我希望今後也能推出「正面積極的預報」。我相信，如果哪天我們能夠看到「彩虹的出現預報」「綠閃光預報[*4]」，收看氣象預報這件事一定會變得更有趣。

[*4] 所謂的「綠閃光」是即將日沒與升起後馬上閃爍的綠光。或是太陽上緣看起來不是紅色，而是綠色，又稱為「綠光」。據說「看到的人會得到幸運」。

54 氣象相關的工作、預報員考試很困難嗎？

> 對天氣很有興趣的朋友，或許會有意願到氣象廳和民間的氣象公司就職。那麼我建議不妨挑戰氣象預報員資格考試。

◎ 氣象廳、氣象公司

我相信應該有不少同學對氣象有興趣，而且也希望將來能夠從事氣象相關的工作。以工作內容而言，單純從事氣象預報的職場，就是「氣象廳」和「民間的氣象公司」。

氣象廳職員是國家公務員[*1]。工作的兩大特性是必須輪夜班，以及轉調頻繁。輪調的地點並不僅限於城市，包括鳥島之類的無人島，甚至連南極都有可能。對於不排斥「每隔幾年就搬家，體驗各地民情」的人，還有「夜貓族」的朋友來說，例如我本人，氣象預報的工作或許稱得上是天職。

另外，如果想在民間的氣象公司任職，必須先通過就職考試和面試。除了日本氣象協會和Weather News這兩間大公司，另外還有多間小規模的企業，但釋出的職缺名額並不多。除了時機，錄取率似乎也深受景氣影響而起伏。以我個人的情況而言，雖然我在應屆招募方面全軍覆沒，但轉戰中途錄用（已有工作經驗的轉職）後，卻順利錄取了好幾間公司。

[*1] 氣象廳是日本國土交通省的外局（獨立性較強的行政機關），錄用的職員都須通過國家公務員考試。先進入氣象大學校也是進入氣象廳的一種途徑，但不論前者或後者，都有年齡限制。

每間公司都各有不同的方針與特性,例如富蘭克林‧日本的專攻是雷,而Weather Map可說是氣象主播的大本營[*2]。

◎ 氣象預報員資格考試

所謂的「氣象預報員」,就是通過氣象預報員考試,並且在氣象廳完成登記的人。並不是只有取得氣象預報員資格的人,才能在氣象廳和氣象公司任職,不過當然還是取得資格的人較有優勢。因為可以用很客觀的方式,表現出「我很喜歡氣象,而且具備基礎知識」的一面。很多人都以為為了通過考試,必須具備微積分等大學程度的數理知識,其實每屆的試題都大同小異。基本上,只要埋頭苦讀,連小學生和國中生都可能金榜題名。以筆者完成本書的2019年春季的時間點而言,目前最年少的合格者是11歲(順帶一提,最年長者是74歲)。不過平心而論,「專業知識」項目也會出現只有氣象迷才回答得出來的艱澀題目,所以即使是對氣象熱忱十足的人,也不太可能「裸考」成功。

各位一聽合格率4%,可能馬上覺得困難重重,不過考試科目分為一般知識、專業知識、實技,只通過部分科目的人絕對遠超過4%。考試一年有2次,分別在夏季與冬季舉行(2019年夏季是第52回考試)。合格者累積已超過1萬人。

喜歡天氣和氣象的人,尤其是未滿11歲,或超過74歲的人,要不要以刷新紀錄為目標,勇於挑戰看看呢。

[*2] 除了已經當上氣象主播的情況另當別論,其他職務的轉調應該很少。有些單位因業務內容的關係,並不是24小時輪班制,而且也有部分公司的營業時間是9~17點。

Column 專欄

6 以打造「零天災」社會為目標

地球暖化、酸雨、森林破壞、沙漠化……。工業革命之後，隨著全世界的人口呈爆炸性增加，上述的各種環境問題也向我們不斷襲來。氣象與環境問題，以及人口爆炸，都是與我們生活息息相關的問題。

1970~1980年代，因為環境問題急速惡化，日本政府也為了減少人口的增加而絞盡腦汁。想必有些人對當時的每一間報社，可說是口徑一致地大肆報導「孩子最多生2個」的歷史還記憶猶新吧。

但是，隨著泡沫經濟破滅，景氣與經濟陷入長期低迷不振，我們已經自顧不暇，自然無力想辦法如何保護地球環境，而且今非昔比，政府現在反而為了提升生育率而煞費苦心。

環境問題絕對不是已經獲得解決。目前每年有4萬種（每天超過100種）生物絕種。這個速度大幅超過了白堊紀末期的恐龍滅絕，可說是相當反常。

有一種說法是如果世界人口減少到只剩1億人，戰爭、饑荒、環境問題都會迎刃而解。對此我深有同感，我認為全世界合理的人口數量是幾千萬人，而日本合理的人口數量是幾十萬人。所謂合理的人口，就是假

設每個人即使都隨地便溺與亂丟垃圾，但也不足以產生環境、衛生問題的人口。事實上，我們應當做好心理準備，體認到當重大災害發生、社會的應變機制失靈時，無可避免地就會面臨到上述問題。

如果全球的人口大幅減少，住宅用地與農地等勢必也會減少。換句話說，大部分的地球都能夠保持自然的原貌，如此一來，原本與人無法近距離相處的動物，例如河馬、熊、毒蛾、胡蜂等，這下子也可以放心回歸山林深處了。

以人類世界來說，擠滿人的車廂、塞車長龍的景象從此不復存在。以後我們的生活，不會再聽到「排隊」「人潮洶湧」這些字眼。也沒有人必須住在山崖和河川旁邊等高災害潛勢地區，所以從此就不會再有自然災害和氣象災害。而且地價大跌，每個人都能住得很寬敞，甚至每戶之間一隔就是好幾公里遠，完全不必擔心會因為噪音等問題，與左鄰右舍發生衝突。

當然，人口減少絕對不是百利而無一害。首當其衝的就是年金問題。但是年金制度，說穿了已經「大勢已去」。現在是不是已經到了我們應該果斷地與這種「由年輕人工作撫養高齡者」的舊制度分道揚鑣、另起爐灶開創新制度的時候了呢。

另外，國力、經濟力的衰退也是隱憂。如果地球出事，經濟當然也跟著一敗塗地。但或許這也是個機會，讓我們好好反省不可能無止境成長的「經濟、金錢遊戲」，才是最極致的「劣質遊戲」[*1]「爛遊戲」。

我們必須做好心理準備，體認到自己要另謀出路，想辦法在經濟停滯下生存，想出在人口減少的情況下，也行得通的「遊戲」「生存意義」。

另外，也有人擔心因少子化造成勞動力短缺，可能會使社會的基礎設施變得難以維持。為了解決這個問題，我相信很多人對AI的發展寄予厚望。

說到環境問題，最常見的結論就是「減少人口」，換言之，也就是找不到這個方法以外的方法。

田中優先生的著作《環境教育 善意的陷阱》（大月書店），談到以人口稀少而知名的芬蘭時，敘述如下：

> 芬蘭建立了靠著小規模的自然能源自給自足的價值觀，正因為人口只有30萬，公共事業的發展空間有限，利權也很小。但人們的意見能充分傳達，互相信賴，共同生活。

---

*1 原意是「很爛的遊戲」「毫無價值的無聊遊戲」。後來轉為難度高到不合理、不論嘗試幾次都無法破關的遊戲。在昭和的「家用遊戲機」年代，這類的遊戲很多。

另外，花里幸孝先生的著作《大自然沒有那麼脆弱―人類誤會連連的生態系》（新潮選書）中，最後也下了以下的結論：

> 因為我們不可能走回頭路，回到以前可用資源稀少的不便生活，所以減少人口，是人類未來的唯一選擇。

日本目前已經號稱是超少子化社會，但我覺得大家大可不必悲觀，而是轉換心態。人口減少是先進國家的普遍趨勢，既然如此，何不讓日本帶頭示範呢？以目前地球資源的數量，要讓所有的人都過得健康，又擁有富裕的文化生活是天方夜譚，所以這個世界註定會成為「必須犧牲某些人」的世界。

我們究竟能留給下一代子孫的「禮物」是什麼呢？或許現在已是必須好好思考這個問題的時候，我個人是這麼想的[*2]。

[*2] 我希望有人在媒體大聲疾呼「結婚和生孩子都不是義務。只有超級喜歡小孩，而且做好比出馬競選國會議員更大的心理準備，有信心說『捨我其誰！』的人，才有資格挑戰生兒育女」。我認為兒童虐待等問題，都是許多人對生孩子這件事，抱著「半強迫」的社會風氣所造成。

結語

　　最後我要感謝看完本書的每一位讀者。

　　不曉得各位看完後有什麼感想呢？如果藉由本書，有人能再次體會到氣象的有趣之處，或是一頭栽進氣象的世界，甚至立志要考上氣象預報員，將是身為作者的我最大的欣慰。

　　既然是自然現象，氣象學當然也著眼於定律與共通點，但各位是否也發現了，氣象真的是極富「個性」。

　　比方說低氣壓，有時候只會帶來陰沉的天氣，但也有發展成傾盆大雷雨的時候。雖說都是暖鋒，有些只是下點毛毛雨，但有時卻下起猛烈大雨。

　　我在課堂上很常對學生這麼說：「有100萬種生物就有100萬種生活方式。地球有70億人，就有70億種人生」。我想，比起平成時代，令和時代對個性的重視應該有增無減吧。

　　另外，我還想和各位分享以下這段話。

　　「有些主管知人善任，但也有些主管像暴君一樣，以同一套標準要求每一個下屬」。

我希望接下來的時代，有更多優秀的領袖級人物出現，但同時我希望不想成為領袖的選擇也能獲得尊重。雖然本書談的主題是天氣，但我在執筆的過程中，還是想到很多天氣之外的事。

另外，我也由衷希望與藉由本書結緣的讀者，很快有機會能夠再次相會。

最後，我要對向我提出本書的企劃案，並且不吝指導我的田中裕也先生致上深深的謝意。

金子大輔

> 歡迎各位透過以下管道，與我交流心得與意見

Twitter
@turquoisemoth
https://twitter.com/turquoisemoth

Instagram
daisuke_caneko
https://www.instagram.com/daisuke_caneko/

Facebook
https://www.facebook.com/turquoisemoth

參考文獻等

書籍

- 『一般気象学』小倉義光 著（東京大学出版会）
- 『暴風・台風びっくり小事典－目には見えないスーパー・パワー』島田守家 著（講談社）
- 『気象予報士・予報官になるには』金子大輔 著（ぺりかん社）
- 『こんなに凄かった! 伝説の「あの日」の天気』金子大輔 著（自由国民社）
- 『雷雨とメソ気象』大野久雄著（東京堂出版）

網站

- 氣象廳　　https://www.jma.go.jp/jma/index.html
- 日本氣象協會〔tenki.jp〕　　https://tenki.jp/
- 東京管區氣象台　　https://www.jma-net.go.jp/tokyo/
- 福岡管區氣象台　　https://www.jma-net.go.jp/fukuoka/index.html
- 熊谷地方氣象台　　https://www.jma-net.go.jp/kumagaya/index.html
- 學研兒童網　　https://kids.gakken.co.jp/
- 教科學習資訊　理科
  https://www.shinko-keirin.co.jp/keirinkan/kori/science/sci_index.html#top

- 高精度計算網站　　https://www.keisan.casio.jp/
- 孩子的科學網站「子科網！」　　https://www.kodomonokaguku.com/
- 山賀　進的網站　　https://www.s-yamaga.jp/index.htm

報導

- 世界、日本的雨量極值紀錄

    https://www.jstage.jst.go.jp/article/jjshwr/23/3/23_3_231/_pdf

- 【世界罕見的氣象現象】大多發生於日本海沿岸的「冬雷」。
    雷擊的能量，居然是夏雷的100倍以上！
    https://latte.la/column/100220685

- 有這麼喜歡日本嗎？秋颱路徑之謎⋯⋯和夏天的颱風哪裡不一樣？
    https://latte.la/column/99242903

- 少子化真的是壞事嗎？留給孩子一個沒有戰爭、饑荒、環境問題的世界。
    https://latte.la/column/100220770

- 暖化的科學Q12 太陽黑子數量的變化是暖化的原因？
    我想知道的地球暖化（地球環境研究中心）
    https://www.cger.nies.go.jp/ja/library/qa/17/17-1/qa_17-1-j.html

- 2000年7月4日在東京都降下的短時間大雨的發生機制

  https://www.metsoc.jp/tenki/pdf/2008/2008_01_0023.pdf

- 平成12年5月24日在關東北部發生的雹災

  https://www.kenken.go.jp/japanese/contents/activities/other/disaster/kaze/2000kanto/index.pdf

- 「北極震盪到底是什麼？」（計算氣象預報員的「這題能解得出來嗎！？」）

  https://blog.goo.ne.jp/qq_otenki_s/e/da146689585c4d4c835489a38464963e

- 「暖化的科學Q14寒冷期與溫暖期的循環 我想知道的地球暖化」（地球環境研究中心）

  https://www.cger.nies.go.jp/ja/library/qa//24/24-2/qa_24-2-j.html

- 「黑潮大蛇行 對生活的影響」（NHK解說委員會）

  https://www.nhk.or.jp/kaisetsu-blog/700/279354.html

- 「從去年持續至今的黑潮大蛇行、對今後的生活與氣象的影響是？」

  https://weathernews.jp/s/topics/201808/020165/

國家圖書館出版品預行編目資料

快速掌握氣象與天候：從日常的雲層與氣象預報,快速解開你想知道的周圍天氣之謎! / 金子大輔著；藍嘉楹譯. -- 初版. -- 臺中市：晨星出版有限公司, 2025.01
面；公分 . —（知的！；230）
譯自：図解 身近にあふれる「気象・天気」が3時間でわかる本
ISBN 978-626-320-956-5（平裝）

1.CST: 氣象學 2.CST: 天氣

328　　　　　　　　　　　　　　　　　　113014697

知的！230	**快速掌握氣象與天候：從日常的雲層與氣象預報，快速解開你想知道的周圍天氣之謎！** 図解 身近にあふれる「気象・天気」が3時間でわかる本
作者	金子大輔
插畫	末吉喜美
譯者	藍嘉楹
編輯	吳雨書
封面設計	ivy_design
美術設計	曾麗香
創辦人	陳銘民
發行所	晨星出版有限公司 407台中市西屯區工業30路1號1樓 TEL：（04）23595820　FAX：（04）23550581 http://star.morningstar.com.tw 行政院新聞局局版台業字第2500號
法律顧問	陳思成律師
初版	西元2025年1月15日　初版1刷
讀者服務專線	TEL：（02）23672044 /（04）23595819#212
讀者傳真專線	FAX：（02）23635741 /（04）23595493
讀者專用信箱	service@morningstar.com.tw
網路書店	http://www.morningstar.com.tw
郵政劃撥	15060393（知己圖書股份有限公司）
印刷	上好印刷股份有限公司

掃描QR code填回函，
成為晨星網路書店會員，
即送「晨星網路書店Ecoupon優惠券」
一張，同時享有購書優惠。

定價350元

（缺頁或破損的書，請寄回更換）
版權所有‧翻印必究

ISBN 978-626-320-956-5

ZUKAI MIDIKA NI AFURERU KISHO TENKI GA 3 JIKAN DE WAKARU HON
© Daisuke Kaneko 2019
Originally published in Japan in 2019 by ASUKA PUBLISHING INC., TOKYO.
Traditional Chinese Characters translation rights arranged with ASUKA PUBLISHING INC., TOKYO, through TOHAN CORPORATION, TOKYO and KEIO CULTURAL ENTERPRISE
CO., LTD., NEW TAIPEI CITY.